全力以赴，只为了不辜负自己

晗翌　著

煤炭工业出版社
· 北 京 ·

图书在版编目（CIP）数据

全力以赴，只为了不辜负自己／晗翌著．--北京：煤炭工业出版社，2016（2020.6 重印）

ISBN 978-7-5020-5293-5

Ⅰ.①全… Ⅱ.①晗… Ⅲ.①成功心理—通俗读物 Ⅳ.①B848.4-49

中国版本图书馆 CIP 数据核字（2016）第 123448 号

全力以赴，只为了不辜负自己

著　　者　晗　翌
责任编辑　马明仁
特约编辑　郭浩亮　汪　婷
特约监制　朱文平
封面设计　刘红刚

出版发行　煤炭工业出版社（北京市朝阳区芍药居 35 号　100029）
电　　话　010-84657898（总编室）
　　　　　010-64018321（发行部）　010-84657880（读者服务部）
电子信箱　cciph612@126.com
网　　址　www.cciph.com.cn
印　　刷　保定市海天印务有限公司
经　　销　全国新华书店

开　　本　900mm×1280mm 1/32　**印张**　8　**字数**　180 千字
版　　次　2016 年 7 月第 1 版　2020 年 6 月第 2 次印刷
社内编号　8150　**定价**　38.00 元

序言

人生就是一边拥有，一边失去，一边选择，一边犹豫。

眼前有你最爱吃的提拉米苏蛋糕，作为吃货的你很想吃，可是当你拿起叉子准备大快朵颐时，却突然想起了昨天在商场里那件喜欢却怎么也穿不进去的裙子，于是乎，默默纠结吃还是不吃；

睡前刷了会儿手机，又有一部新剧推送，你原打算只试看两集，然而剧情太精彩你停不下来，你很想看完但明早还要上课，于是乎你纠结看还是不看；

终于要毕业了，北上广有你钟爱的工作，你想去大展宏图，可是看看那些城市的房租、房价，想想年迈的父母头上日渐增多的白发，你又犹豫了；

工作很辛苦，无休止的加班和聒噪的同事让你忍无可忍，你写好了辞呈，可是当你走到领导办公室门口，准备上交时，那份还不错的薪水又浮现在了眼前，你不确定未来的工作是否会更好，于是你又折回来，继续纠结；

二十五六岁的你，仍然单身，周围陆续有同龄人的婚讯传来，你开始有些着急。有那么些瞬间，你也很想找个人陪伴，然而周围的男生，你始终没有感觉，这个时候，你反复问自己要不要放弃讲究，选择将就；

相恋多年的男友对你越来越冷淡，他不再每天给你一个电话，不再将你的喜怒哀乐放在心上，甚至似乎还跟其他女生保持暧昧，你心伤透了，你无数次想要分手，可是每每这时，你又想起了妈妈说的那句“爱情总归要归于平淡”，而舍不得放弃这些年付出的青春……

人生总是无时无刻都面临取舍。有些取舍考验的是意志力，克服就好，比如吃还是瘦。可糟糕的是，还有一些取舍，你真的很难做出决定，因为你不能确定自己的选择是对还是错，比如去大城市还是小城市。

我们害怕选择，往往就是因为对未来的不确定。

比如，当你看到隔壁小王辞职创业后屌丝逆袭，娶上白富美，走向人生巅峰时，你也很想试试，甚至都做好了创业计划，可真要去执行时，你又打了退堂鼓。

因为你知道，你毕竟不是小王，他遇见的机会，你不一定拥有，他的才华，你也不一定具备。如果冒然辞职创业，可能是赔了夫人又折兵。

你站在人生的十字路口，迷茫得不知向东还是向西。

该往哪里走?

对不起，我也不知道，也没人能够知道。

因为选择无分对错，但求合心，做到不后悔即可。

如何才能不后悔呢?我们先来看看人是怎么后悔的。

人们后悔时的句式往往是这样的：早知道……我就……，而我写下的这些文字，就是想让你早知道一些事。这里面有我自己的成长心得，也有很多人的人生经验，我不是想教你怎么做，只是想把这些经验写下来，供你参考，提供更多可能，让你更加明确自己想要的是什么。

事实上，二十几岁的你之所以迷茫，有很大程度上，就是因为经验的缺失。如果你明明知道结果是怎样，依然愿意承担这份风险，继续这么做，那么我想你就一定不会后悔了。

希望这些文字，能在你迷茫之时，给予你一些理性的参考和温暖的鼓励。

是为序。

Part 1

迷茫年代，向东向西？

这个世界上，但凡珍贵的东西从来都不是容易得到的。即使外界多不如意，但我们都可以保持自己内心最初的想法，努力实践自己那个可能有些遥远的梦想。

Part 2

你要相信，努力就会有好前程

机会稍纵即逝，努力要趁早，每一次的出场都全力以赴，不给失败找任何借口，是这个时代的生存法则。

Part 3

谁都逃不掉的职场第一课

只有当你具备旗帜鲜明的人格魅力时，只有当你的工作具备人性温度时，只有当你的思维逻辑与众不同时，你才可能抵御得住这个日新月异的社会带来的残酷淘汰。

Part 4

纷繁复杂世间，你必须学会勇敢

人生是你自己的，没人有义务替你打理，也没人能够为你的人生负责，别人帮你是情分，不帮你是本分。

Part 5

每一个逐爱的女子，都在荆棘里前行

其实，无所谓遇见的方式，相亲也好，邂逅也罢，是你的他，总会出现。

Part 6

关于爱情，有太多要说

有多少人能够承诺爱一个人一辈子又真的身体力行了呢？当努力了好多年依然没有结果的时候，谁还会一直等你呢？人都会累，累了就会停下追逐的脚步，生活里没有谁为了谁而一直等待的。

Part 7

谢谢你，始终陪在我的身旁

我会因为某些人，某些记忆，而永远怀恋这座城市。因为在每一个感知的瞬间，内心深处都会有一座城。

Part 1

迷茫年代，向东向西？

这个世界上，但凡珍贵的东西从来都不是容易得到的。即使外界多不如意，但我们都可以保持自己内心最初的想法，努力实践自己那个可能有些遥远的梦想。

别害怕，你担心的未必会发生

如果一切物质财富是以付出幸福作为代价，那么不要也罢。

我曾是一家市级广电系统的记者，工作算不上复杂，没有太多技术壁垒，无非是跟着领导去哪儿调研调研，亦或是去开几场新闻发布会，又或者到几户居民家中去看看水管漏了没、天然气换了没。总之不是硬生生地用新闻通稿，就是奔走于街坊邻居的家长里短。刚开始工作时也许还新鲜，但时间长了，便开始疲惫于这些机械的重复。

换个角度说，任何一个对未来还有理想的年轻人恐怕都不愿意在这样的环境下生存下去。因为在这里，你很难有更大的发挥。不止一个前辈跟我说过类似这样的话：早先我也是个文艺小青年，可是现在什么稿子都写不出了，唯一还能动笔的就是那种豆腐块的小稿子，连自己都看不下去了……我相信前辈们的话并非危言耸听，我似乎也依稀看见了自己未来的样子：除了脸上多了几条皱纹，身体多了几块肥肉，步履变得更加蹒跚外，没有更多向上的变化。

想想都觉得可怕。我不要，更不想变成这样的人。于是，我想寻求改变，动了辞职的主意。

然而，在很长一段时间里，这还只是停留在想法阶段。说实话，真要放弃眼前的一切，不舍得。单位的福利、待遇各方面都不差，对于女孩来说，这样一份工作也相对体面——这也是所有对自己现状不满的同事们一方面在抱怨，另一方面又舍不得辞职的主要原因。

纠结成了我的常态。

直到有一天，遇见S君。

S君是我表哥的一个朋友，因为表哥结婚，因缘际会，我们认识了。S君比我大十岁，二十多岁的他跟我一样，一毕业就考上了当地的电视台。稳定的工作，不错的收入，同学羡慕的眼光，以及父母向他人炫耀的神情，这些我正在经历的虚荣，他也都一样经历过。

“直到有一次，因为频繁加班，我直接倒在了导播间。被送进医院后，医生说是胃出血，然后还住院了一天。那个时候我突然意识到，我现在所拥有的一切都是以健康作为代价的。同时，我也不开心，因为工作的内容也并未让我倍感兴奋，只是夜以继日地重复、重复，再重复……像机器人一样。”S君说。

我特别能理解S君说的这种心情。多少次，我也想像朋友圈的朋友们一样，去到异国他乡，体验一下异国风情；多少次，我也渴望像其他姑娘一样，晚上逛个街，聚个会，拓展一下人际关系；多少次，看到街边的健身广告，我也想去办张卡，让自己变健美一些；多少次，看到重大的突发新闻，我也有立刻奔赴现场的冲动……

但这些我都没有办法实现。工作以来，我几乎没有休息过，每天淹没在重复的机械劳动中，毫无激情地工作着，生活和梦想都无法实现。

S君说，住院后的他就果断辞职了。刚辞职的时候，他也慌过。因为是男生，他总认为未来要讨媳妇儿，有些存款是必须的，可是新闻科班出生的他，不在媒体工作，又能去哪？若只是简单跳个槽，情况也未必会得到改善。S君没敢将辞职的事告诉父母以及女朋友，只是简单地告知他们单位派了个公差，自己要外出几个月。

拿着手上的三万块钱，S君只身来到了北京，这个很多人眼里的充满机遇的梦想之都。“起初，其实我自己都不知道我该干哪行，新闻吧，其实并不喜欢。但因为没有接触过其他行业，说实话我对自己没有清晰的定位。租房后，我手上几乎就没什么钱了，那时我恐惧极了：往常我只有在看到银行卡上的数字向上叠加时，才会感到沉甸甸的心安；而那时，卡上的数字只有减少，没有增加。总觉得这样下去，我会被饿死。”

大概很多刚工作的年轻人都正在经历着或者曾经经历过这样的时刻。曾几何时，我也一样，虽然存折上有那么些积蓄，但总是不敢花，总感觉万一存款花完了会饿死，所以我每个月都有自己的花钱计划，一旦超出计划一点儿，我就焦虑不安。

“但事实上，那基本上是杞人忧天。”S君继续说，“我竟然靠着各种杂七杂八的兼职，也活了下来，并且慢慢地，存折上的数字又多了起来。从那时开始，我突然意识到那种会‘被饿死’的担忧再也没有出现过了。”

后来的S君靠着兼职的一些积蓄，在北京开了一家小面包房，并且慢慢做大，如今已经是一家颇有特色的西餐厅了。“兼职的时候我去面包房做过学徒，感觉原来自己对这行特别有兴趣。”S君笑笑。

在经营面包房的过程中，S君也经历了几次经济危机。“有几次我试图做大时，就差点赔掉了，连续租的房租钱都不够付了。但那时，我似乎已经没了当初辞职时的恐惧，我不会再担心因为工作终止会饿死，这个世界上总会有让你活下去的办法。而我现在，虽然赚了不少，也不会像曾经一样不敢花钱，但钱如果不流动起来，就只是银行卡上的数字，不是吗？”

S君的一席话，让我瞬间开悟：

其实你一直担心的东西，往往根本不存在。正如一则寓言所说：如果有一只小鸟是被关在笼子里长大的，那么后来它就算出了笼子，也不会飞。因为在它的脑子中，已经有了一只看不见的笼子。而如果这只鸟想要飞起来，就必须尝试突破“笼子”这个屏障。

在心理学上，把这种尝试叫做认知行为实验。简单来说，就是把原先坚持的信念变成一个假设，再尝试以实验的方式来证实或推翻它。举个例子，我身边有很多朋友总是不敢拒绝别人的请求或要求，因为他们觉得一旦自己说“不”，就会令别人讨厌自己，所以他们一面小心翼翼地迎合着别人，一面又为这种违心的迎合感到疲惫不堪。可是，你这样做，真的会博得别人的好感吗？不妨做个试验，尝试某次说“不”，看看结局如何。你会发现，很多你长期以来的坚持会自动土崩瓦解。

感谢命运，让我在二十多岁的时候遇见了S君。他的人生经历给我上了生动的一课，让我终于有了勇气去做出一些改变。事实证明，离开安逸的环境后，我依然过得很好。

选择大城市的一张床还是小城市的一套房？

“我还是想回北京。”L对我说。

L老家在河北，北京念的大学，毕业后进入了一家正规得不能再正规、官方得不能再官方的媒体，被分派在位于祖国西南，四季如春、鸟语花香的昆明工作。

“昆明不好吗？雾霾、高房价、拥堵……这几年，北京没有被吐槽更多好不好，现在大家不是都要逃离北上广吗？你怎么还想回去？”我原先只以为没有去过北京的人，可能会被梦想驱动而北上漂泊，真正接受过北京摧残的人恐怕都不愿意再继续停留，实在没想到他还会有回北京的想法。

“昆明你可以过得很安逸，但在北京你才能找到自己。”这是L给我的答案，但不仅限于L。

我在福建念的大学，毕业后，同学们各自远航，有不少人选择了北漂，也有不少人选择回到家乡，而现在，北漂的那些同学，我几乎没有看到他们后悔当初的选择，而选择回家的同学，却每天在朋友圈里发些“生活太无趣、工作太无聊”之类的咿咿呀呀。

也是，干的既非自己所爱，也非自己所学，当然会感到江郎才尽、英雄无用武之地。我有不少同学毕业后回到老家，根本找不到对口的工作，只能干着一份自己完全不感兴趣的工作，然后蹉跎度日，当一天和尚撞一天钟。

“你是不是屏蔽了我呀？都不见你在朋友圈里发东西。”X是我的高中同学，现在在北京。一直以来，我们都是十分要好的朋友，但自打她去了北京后，我们联系得就越来越少。过年，趁大家都回老家了，我们约出来见了一面。

“你想太多了！”X白了我一眼，“每天那么忙，哪有时间发朋友圈！”

一语中的！X的这句话一下点醒了我，其实这些北漂的同学并不是没有烦心事，只是生活已经如此匆忙了，哪里还有时间去纠结，想解决办法的时间都不够！只有你生活得越安逸，才会越纠结于生活之琐事，真正生活充实的人，是没有时间烦恼的！

我想，这就是大城市能带给我们的吧！“年轻人是该选择大城市的一张床还是小城市的一间房”，21世纪以来，这个话题的热度从来就没有消退过。七七八八，各路豪杰都已经进行了详尽的优劣分析，主要的一个对比无非是：大城市机会多且竞争大，小城市靠关系但生活稳定！

但这仅仅是从就业、生存的角度考虑这个问题，而对于年轻人而言，大城市可能意味的更多，而我认为，首当其中的就是“一种生活习惯”。

在小城市，道路不怎么拥堵，你完全不需要早起，你也买得起代步车，不用担心挤不上公交，你可以优雅地在家享受一顿妈妈为你准备的早餐，然后从容地上班。周而复始，如此往复，“慢”成为你的习惯，一步慢，步步慢，从起床慢，变成走路慢，从走路慢，变成看书慢，从看书慢，变成工作慢……最后彻底丧失“紧凑”工作、生活、学习的能力。

在大城市里，你也许会因为害怕堵车，而每天提早起床，你也许会因为回家路程遥远，而每天半夜回家，你也许会因为工作内容繁多，而不断加班……但你的细胞却会因此激活，习惯快节奏，然后让这种快，带领你看到更多的世界：同样的24个小时，也许正因为生活节奏的不同，有的人变成了28个小时，有的人却当成了20个小时。

X告诉我，她在北京某知名大学报了个在职研究生，今年已经顺利毕业，在公司附近办了张健身卡，如今也有了“马甲线”，还学了钢琴，能弹几首流行歌曲……

“每天工作那么忙，你怎么抽空做到这些的？”

“给自己制定计划，每周必须去健身房5次，每次一小时，周末必须去练琴、上课，这些养成了习惯，做到其实是水到渠成的！”X说，“当然啦，我同事也和我一起做，大家相互鼓励，所以我就更好地坚持下来了。她们比我做得还更多呢，我这也不算什么！”

X的话胜过1000碗鸡汤！看到今天的X，你大概永远也不会想到她就是曾经那个总是给班上平均分拖后腿、作业抄答案、考试打小抄、胖胖的不修边幅的女孩！

我一直相信，你遇见怎样的人，你就是怎样的人，这在X的身上得到了充分的体现。一次北漂，X进入到了一个积极的充满生机的氛围中，接触到了更多优秀的朋友，而这一切彻底改变了她！

二十多岁，我们的生命正在迎接阳光，而大城市的空气就好比是我们的叶绿素，我们需要它来帮助自己进行光合作用，继而我们的生命才能开出更艳丽的花朵！

好走的路，从来不是上坡路

一天傍晚，一个自诩是大学生的推销人员敲响了我家的门。

“你别误会，我不是来卖东西的，这是我们公司做活动免费送给你的，用得好记得推广给你朋友哦！”一个面容清秀的20岁出头的小男生拿着一支洗面膏对我说。

这样的场景恐怕绝大多数人都遇见过，就是做推销嘛，我本能地拒绝。准备关门时，他忙用手挡住门缝：“姐姐，我们也不容易，大学生暑期兼职，你就收了吧。”

看他无辜的表情，我只好勉为其难地收下。我当然知道天底下没有白吃的午餐，便主动问道：“那你需要我做些什么吗？”话音刚落，他麻利地从包中掏出一本小本子让我签字，并说道：“你只需要给我打分就可以了。”

我打了一百分，签上了名字后，他接着说：“姐姐，我们还是学生，为了支持我们，你再给我们39块8吧。”

剧情按部就班地发展，心里石头总算落地了！我笑笑说：“姐姐支付宝转给你吧。”我一边付款，一边跟这个年轻人说：“虽然今天我给你打了款，但并不代表我认同你的行为，如果你真的是大学生，你今天的行为不仅不会为你未来的职业生涯加分，反而会让你的人格降低……”

后来，我把这件事发到了朋友圈，我说：“我付钱是不想让他辛苦半天却一分钱都收不到，我教育他，是不希望一个年轻人走上这条路。”很快，有朋友给我留言道：“然而他并不会领你的情，请不要以天下苍生为己任！想拯救世界，记者的通病？至少我遇到这种事会叫他直接去下一家，省得浪费双方的时间。”

看到她的评论，起初还有些不服气，但细细想来，自己还是太激动了，人家说得并没有错，我确实又多管闲事了。

可是，为什么我会多管闲事。可能是因为在这个男孩身上看到了他的一些闪光点，比如他的口才卓然，比如他还是小鲜肉（内心是不是有点邪恶？哈哈）……我实在不忍心看他走上这条“连哄带骗带要挟”的道路，因为一单成功的买卖一定是让双方都心满意足的，而不是如他这般。

事实上，他今天所做的一切如果过于顺利，那么他未来的人生可能会走得相当艰难。这就好比当三陪小姐。我从没有因为三陪小姐职业本身而对其抱有排斥之心。我只是认为，选择这个职业，这对一个人的精神的摧毁是致命的。你一定听过很多这样的小姐心声：“等我有一天挣够了钱，就到个没人认识我的地方，找个老实的男人，开个小卖铺，结婚生子，平平淡淡过一生。”

然而，绝大多数时候都是理想很丰满，现实很残酷。想想看，当一个人已经习惯了陪人睡个觉，说个情话，就能拿到千百块钱的时候，这时的她其实就已经失去了经营小买卖的能力了，因为也许这个小卖铺一周赚的钱也比不上她以往一个晚上来得钱多。当一个人已经习惯了这种“来得快”的钱财之时，她就很难忍受起早贪黑辛勤工作的挣钱方式。

这个小伙子也一样，当他在年轻的时候，可以靠着“姐姐，支持大学生兼职嘛”“姐姐，支持大学生实习嘛”，这种连哄带骗带强迫的方式轻松拿到一笔钱时，他日后又是否能有一个好的心态去慢慢修炼自己的内功，通过真才实学来挣钱呢？今天的他也许还可以通过“大学生”的标签来博得一些人的支持，可是，他也总会有老去的一天，当他年纪稍长几年后，“支持大学生勤工俭学”的理由又如何生效？

我相信这个给我“卖”洗面奶的学生一定有他的理由，比如找工作难等等，但我始终认为，这个世界上，但凡珍贵的东西从来都不是容易得到的。即使外界多不如意，但我们都可以保持自己内心最初的想法，努力实践自己那个可能有些遥远的梦想。

你不是迷茫，只是少一个心安

前不久，以前一块儿兼职的一个同学给我打电话了。

电话里，她一直强调自己对未来很迷茫，不知道该怎么选择。毕业的两年里，她一直干着销售的工作，也许是碰上了楼市最好的时期，她有着不错的收入，并贷款买了一套房，自己付了首付，如今依然还着房贷。

但是日语专业的她总觉得自己不适合干销售，她说每次为了一单生意而当孙子时，就特别讨厌这样的自己，觉得自己特别虚伪。

后来她辞去了销售的工作，通过大学老师介绍，找了一份日语翻译的工作。可是，干了没两个月又干不下去了——她嫌工资太低了，低到没办法还房贷，并且收入和付出不成正比。

现在，她找不到出路了。从小到大，她都是按照父母的意思去做，从高中的文理分班到大学的选择专业，人生路口的每一次抉择都不是她自己的决定。她说："我都不知道自己喜欢什么，适合什么，有没有什么工作可以让我既能够养活自己又能够不感到疲劳……"

说实话，当她这样问我时，我也不知道该怎么回答。我并不比她大多少，走过的路也不见得比她多，况且我又不是她，怎么会知道她的爱好是什么，擅长什么。再说了，要是这个世界上真的有一份既能够养活自己又让自己感到舒适的工作，岂不人人都去做了，怎么还会轮上她？

“你现在最重要的就是还房贷，你做销售也有一段时间了，对于你来说应该算是轻车熟路，就算你再怎么不喜欢，在现实之下，做些妥协又如何呢？”我对她说道。

没想到，她马上回复我说：“哎，其实我也是这么想的。要是换份工作恐怕我更做不来，销售做了这么些年，我也有了自己的人脉。”

我和她寒暄了几句，说了些打鸡血的话，她便心情愉悦地挂了电话，似乎找到了自己的方向。可实际上，我知道自己并没有帮她做任何选择，只不过是在和她沟通中找到了她最想得到的答案，就顺着她的意思说了下去而已。事实上，在潜意识里面，她已经有了自己的选择，只是嘴上不承认罢了。

我们身边就是有这么一类人，他们总是说，我感到很迷茫，不知道自己擅长什么，他们看似从来也没有给自己制定一个清晰的规划，他们总是不断询问身边的人，希望有人能够为他们指点一二，告诉他们该怎么做。可是，若是仔细和他们沟通，你又会发现，他们很多时候并非对自己一无所知，仅仅只是想得太多。

就像硬币有正反面一样，任何事情都有利弊，怎么选择都有风险，只是看你更愿意为哪一种选择承担这种风险。我的人生追求和你不一样，我不能替你决定你的人生，任何人也不能。

我想，就算我替你选择了一条道路，倘若和你内心所想并不一样，你多半也不会照做。难道不是吗？从小到大，老师家长都在教你要如何如何，你又听从了哪几样呢？有句话说得好：“听了很多道理，依然过不好这一生。”讲的就是这个意思。

当然，有人又会说：那我遵照内心的想法，万一失败了呢？

可是，失败了又怎样呢？在努力的过程中，多少会沉淀出一些精华，而这些精华就是未来你人生的财富，说不定哪一天就会派上用场。比如，有大四的同学经常说，我想考研，我说，你去考啊，他又会说，万一没考上，我岂不是浪费了找工作的时间吗？可是就算没有考上，你积累的这些知识总归还是你的，谁也偷不走，你怎么知道它在将来会起不到作用呢？很多时候，看似无用功的事情，都是在为你的将来储蓄能量。

况且，就算你是一个完全没有主意的人，乖乖听从了各种导师的人生指导，然后按部就班地去执行，你从来没有挫折，也没有失败，你又是否真的会开心呢？没有过摔跤的疼，大概你也未必会感受到伤口愈合的喜悦！

扯远了，其实这个世界上很少有真正迷茫的人，所谓迷茫只是对自己不自信，怕自己的选择会令自己后悔，想有一个人为你的选择背书，让你安心你的选择。说白了，你不是迷茫，只是欠自己一个心安。

给没有安全感的你

闺蜜的姐姐晓云今年30岁。而立之年的她，事业上也有了新的起色，被升为办公室主任。

为了今天这个位置，晓云没少付出自己的心血。工作这些年，她总是最早到办公室的，领导开会时，她总是记录最认真的，逢年过节，她是唯一一个随叫随到的，因为她总是觉得她是这个公司学历最低的，如果她不表现得十分卖力，就会被老板辞退。

就像没有老师会讨厌学习成绩好的同学一样，没有老板会不喜欢工作卖力的员工，事实上，晓云刚工作不久就得到了老板的好评，第一年就获得了优秀员工的称号。

但所有的荣誉都治愈不了晓云那颗脆弱自卑的玻璃心。每每公司要招聘新人，晓云都会十分忐忑，她总想着自己之所以能够获得今天的成绩，都是自己比老员工更努力的缘故，但新人一来，肯定会比自己更努力，她的优势就一去不复返了。

为了让自己这个“努力”的标签不褪色，晓云始终没有敢怀孕，即便家里催了又催，晓云都坚持服用避孕药，为了这事儿，她也没少跟老公和婆婆闹别扭。

闺蜜和我说这件事的时候，晓云家已经闹到丈夫要和她离婚的地步了。闺蜜心疼姐姐，怪姐夫不理解姐姐，“现在的社会给予女人的压力太多，一方面希望女人经济独立，另一方面又希望女人相夫教子，可我们也是人啊，哪能面面俱到？”

闺蜜说得不错，新时代的女性确实越来越难做。我们不但要在残酷的社会和男人们竞争，还要在传统的家庭里扮演一个好太太的角色。但我却认为，即便如此，闺蜜的姐姐走到今天这一步，也确实是她自己没有处理好。

说白了，晓云之所以如此，归根结底就是因为在职场上对自己不自信，内心没有安全感，总害怕有一天拥有的都会失去。

事实上，像晓云这样的内心忐忑不安的人不在少数。我见过太多这样的女孩儿：她们有的害怕被领导辞退，而整天战战兢兢地拍领导马屁；有的害怕工作会被新人替代，所以一到招聘季来临便紧张万分；还有的因为害怕男朋友离开，甚至拿刀片割破了手腕……她们对未来没有信心，对自己没有信心，总是担心拥有的迟早会失去。慢慢地，她们成为安全感的奴隶，成日生活在恐惧之下。

曾几何时，我也是这样一个极度缺乏安全感的人。面对缺乏激情的工作，我不敢辞职，是因为担心辞了职之后会饿死；面对出轨的男友，我也不敢分手，因为担心少了他我活不下去；面对盛气凌人的朋友，我不敢说不，因为害怕拒绝之后，我便从此形单影只，没有朋友。

直到后来，借着一次采访的由头，认识了一位心理咨询师，通过跟她聊天，我找到了寻得安全感的好方法，简单来说，就是做一些事情让自己明白其实世界并没有那么可怕。比如，平时总是不敢一个人远行的我尝试着关掉GPS，在一个陌生的环境中独自走回家；又比如，平时总是压抑情绪的我鼓足勇气告诉领导自己对她的不满；再比如，做事不敢越雷池半步的我去理发店做了一个过去从来不敢接受的发型……

当我做完这些之后，我突然间明白，其实我一直害怕担心的事情，并没有那么可怕，事实上，即使没有导航，我依然能够顺利回家；把情绪告诉领导后，我也没有被单位辞退；一个夸张的发型，并不会让外界对我指指点点。即便我无法掌控这个时刻变化着的世界，但陌生并不可怕，我依然可以安然处之，和平对待。

另一种寻找安全感的办法就是寻找存在感，让你意识到自己是被需要的。

咨询师和我分享了一个真实的故事：一个姑娘因为家里穷，高中后就辍学了，来到了一座陌生的城市打工。工作是在桑拿店为人家洗脚。虽然姑娘洁身自好，从未有过不正当交易，但家里人始终觉得姑娘的“清白”已经没有了，她挣着不正经的钱，干着不干净的活。姑娘老家还有两个弟弟两个妹妹，她会把自己辛苦挣来的钱都寄回家。然而，即便她为家里如此付出，在她辛辛苦苦、拼死拼活在外受尽委屈攒了钱带回家——那个她认为最安全的地方后，却依然被自认为本该最关心自己的亲人冷嘲热讽、百般排斥。

后来，姑娘赚了更多的钱后去努力资助了一些贫困山区的孩子读书，七年来她竟然资助了一百多个中小学生，而她曾经的不安和绝望也逐渐消失，因为她是被需要的，她在付出中找到了安全感。

这个故事同样给了我很大的启发，让我明白有的时候安全感是靠自己的付出获得的。所以，在后来的日子里，我总是会努力去帮助一些人，不为别的，只为了看到对方脸上的笑容，让我知道自己存在的价值，让我明白自己是被需要的，因为只有这样，我内心世界的不安才会得到拯救。

你坚信的那些，真的对吗？

生病在家，妈妈忙坏了。各种土方子统统拿上来，硬是逼我喝了奇奇怪怪一大堆水。我问，哪来的方子。她说，你姑姑给的。

忍俊不禁。我姑姑？一个什么都不懂的农村妇女，她能有啥方子。我问妈妈，姑姑又是从哪里得来这方子的？妈妈说，她也不知道，反正家里人每次生病感冒用了这方子就会好。说时还显露出一副得意的神态，好像这是多不容易才得来的秘方。

暂且不质疑方子是否真的管用。但我们常常就是这样，因为做了A，同时发生了B，就认为B的出现完全是因为A。

有点绕口，举个例子，有过这样一则笑话，说是专家为证明蜘蛛的听觉在脚上，做了一个实验，先是把一只蜘蛛放在实验台上，然后冲蜘蛛大吼了一声，蜘蛛吓跑了！之后把这只蜘蛛又抓了回来，然后把蜘蛛的脚全部割掉，再冲蜘蛛大吼了一声，蜘蛛果然不动了！于是发表论文，证明了蜘蛛的听觉在脚上。

你看，好像是逻辑紧密的因果关系的实验，却得出了这么一个荒唐的结论。我们平常是不是也经常这样呢，我们吃了某样东西接着拉肚子了，我们就说一定是这种食物导致你拉肚子的，事实上你很可能只是因为着凉了；平时成绩都不错的你只要穿着某件小黄衣去考试就会考砸，于是你就说一定是这件衣服不好。

看起来很可笑的行为，却往往是我们在现实生活中面对事情的态度。一旦有啥不如意，总不会认为是自己的问题，一定是外界出了问题，就好像小时候你走路摔跤了，这时你旁边的奶奶一定会狠狠地跺跺地，说“就怪它，就怪它”，然后哄着哭着的你。

我高中时班上有个男生，在高三的时候每次考前都要去看喷泉，好像喷泉就能给他带来好运气一样，不过，他也确实每次都考得不错！我们旁观者都知道是他自己努力的结果，可他一定要说，这是喷泉的力量。

工作后，遇到个女生每天出门前，一定要先看看星运，占卜上说的该日不宜之事，她一定是尽力避之，她总说，她从小到大能这么顺利毕业又找到一份好工作，都亏了自己每天查看星运！

我们总是更愿意相信这些外界的叽歪，出门要看看今天是否是黄道吉日，找个对象要看看是否八字相合，也不愿相信自己的选择。

那么，你坚信不疑的那些，真的对吗？就拿星座说吧，还真有人做过这样的实验。做实验的是英国心理学家汉斯·艾森克。艾森克曾对成千上万人进行过问卷调查，并从中找到了人与人之间性格的主要差异，他将其最重要的两点定义为“外向”和“神经质”。简而言之，外向维度高的人就是性格外向、好交际、喜欢冒险；神经质维度高的人则是常常焦虑、担忧，遇到刺激有强烈的情绪反应。

根据这两个指标，对应占星学，十二星座中有六个和外向有关，另外六个则和内向有关。另外，土象星座的人更能保持情绪的稳定和心态的平和，而水象星座的人则更神经质一些。

为了验证星座的传说是否属实，艾森克和英国占星学家杰夫·梅奥联手展开调查，在梅奥的客户和学生中，有2 000多人被要求提供他们的出生日期并填写艾森克人格调查表。结果与占星学传说完全吻合。占星学期刊《现象》也因此宣称，这些发现“可能是本世纪占星学上最为重要的进展”。

然而，就在这个时候，艾森克却突然意识到了调查样本的问题。因为参加调查的人深信占星学，这个调查结果可能只是心理作用导致的结果。于是，他设计了另外两个实验。第一个实验的对象是1 000名孩子，几乎不可能听说过性格和星座之间的关系。结果他们在外向和神经质两个特质上的得分跟他们的星座完全无关。为了进一步验证，他将调查对象从孩子转到了成人，调查对象对占星学的了解程度深浅不一。结果发现，如果调查对象很清楚星座对性格有何影响，他们的问卷结果跟占星学传说的吻合程度就会非常接近。

很显然，出生时的星象本身不会对一个人的个性产生什么作用，但你若对星座特别熟悉，你就会变成具有某种星座特质的人。艾森克的实验证明，有些人的确会成为他们“应该成为”的人。所以，往往并不是外界使我们变成了今天的样子，而是我们自己的心理暗示让我们成为了今天的样子。

你说，这个药能够治病，也许是你的乐观心态让你的病好得更快；你说，这件衣服能让你考好，也许只是因为你的自信让你从容答题了；你说，每天的星运指南让你赢得了人生，也许你的人生本就应该如此坦荡。

其实，我们才是自己命运的主宰者。

回头看看来时路

有个朋友，前年理工科专业毕业。因为从小就有个记者梦，所以毕业时，他决定考研，但很遗憾，没有考上。于是，他便在老家继续找工作。

几番周折后，朋友找到了一份某媒体的地方机构，签的是外包公司的合同。“我一进去，就发现里面问题很大，人员流动很快，规章制度也不健全，甚至连财务都没有，是老板自己发工资，直接把现金给你，每个月的工资也是少得可怜，还经常被无理由地克扣一些。”朋友有些抱怨地说，“我觉得自己好失败，我们同班同学工作了两年后很多都已经升职加薪，大家都在自己的工地上大展宏图时，只有我还在原地踏步。”

我问他，既然这份工作如此不满意，为什么还在这边待了快半年。他说：“因为我就是想干记者这一行。我试着投了很多简历，但都没有回复。我就想在现在这个公司先积累一些经验，借这个平台多发表一些作品，以后找工作方便。”

我说，你都已经知道问题所在了，还苦恼个啥？他没有说话。

事实就是如此，你投了这么多份简历，但却不约而同地被拒绝，这只能说明你能力不行。你既非新闻科班出生，又没有相关从业经历，你能进的也只能是这种人员流动大、制度不健全的公司。倘若，制度完善又人员稳定的地方，你能进得去，又怎么会有今天的苦恼？

道理都懂，只是在忙碌和日复一日的重复工作中，慢慢忘记了自己最初选择这条道路的原因罢了。

人生中的很多事情，都不是十全十美的，你没有牛掰的能力却想要高薪的工作，你想要考研深造又想要赚钱养家，你想要升职加薪却也希望工作清闲，世间哪有这么好的事？

鱼和熊掌不可兼得。我们每一个人都会面临选择，做出取舍：你想要一份得心应手的工作，可能要放弃自己的梦想；你想要一个顾家的妻子，可能要接受她没有高薪的收入；你向往艺术家般的流浪生活，你就可能要承担卧雪眠霜的日子。所以我们在选择时，往往都会做一些心理评估和优劣分析，最终艰难地选择一项，而放弃备选项。

但是，总会有这么一些不知足的人，明明自己有了选择，却得到了这样，还想要那样。最后想要的太多，却得不到，便开始自我纠结。

有个姐姐，名校毕业后留在北京，进入了一家世界500强企业工作。但随着年龄大了，又是独生女，父母不忍其背井离乡，便提出希望她能够回到老家工作的想法。

姐姐也认同这种观点，毕竟她自己也有三十多岁，算是大龄剩女，北京的工作实在太忙，个人问题很难解决。于是，再三考虑后姐姐回到了老家。

姐姐的资历很硬，很快就进入了老家的一家大型国企工作。然而，即便是父母和旁人看来都不错的工作，姐姐却很难适应。“企业内部管理混乱，工作效率低下，裙带关系严重……”姐姐说，“直属领导不仅能力差，还胆小怕事，什么事情都不敢做决定，不是让我们直接去问boss，就是让我们自己决定，出了问题也往我们身上推。”

对于现在的工作，姐姐完全打不起兴趣，也没了激情，很多次她都萌生了回北京的念头，但一转眼想想父母又做罢。

细细想来，姐姐纠结的原因无非和朋友一样：走得太远，忘记了出发的目的；想要的太多，忘记了取舍时的思考。你明明早就知道小城市的工作是没办法和大城市相比的，你明明很清楚自己回来的目的就是为了结婚生子的。既然如此，职场上的那些抱负不是早该在辞职前就留在北京了吗？为什么还要纠结于这些复杂的人事和为这些奇葩的领导而生气呢?

很多时候就是这样，你的不开心都是源于自己的不满足。时不时提醒自己，我为什么而来，时不时看看来时路，很多时候，心就宽了。

我不反对说谎，但你要准备被戳穿

知乎上有过这样一个讨论：如何看待和处理能力出众但提供了假学历的面试者。

没想到这样一个话题竟然争议不小。

有人说，这个问题实际上就是，假设学历和才华不能兼顾之下，你要雇佣一个有才华的人吗？我们总是说学历不重要，工作看能力，可往往学历决定了你是否有展示能力的机会，虽然他学历造假了，但是只要他有能力，就应该得到这样的机会！

也有人说，这不是学历和能力之争，而是诚信问题，一个提供假学历的人，说明他为了达成目的不择手段，说明他对自己没有自信，面对压力缺乏直面的勇气。虽然黑猫白猫抓到老鼠就是好猫，但是如果他根本不是真猫，你能期待他抓到老鼠吗？

又有人说，这是社会的问题，现下的企业招聘都在学历上设了各种门槛，可是，一个人可能或是因为家庭条件，或是因为青春期叛逆，导致学业中断，倘若这个人能够在缺乏良好学习环境的条件下，依然凭借自己自学掌握了同等学力的专业技能，这样的人不是更有潜力吗？

甚至有网友不昔将自己的经历写了下来。他说自己因为在高中时期不服管制而被开除，所以只有初中学历，也曾经用过假学历。可是，使用假学历并没有想象中那么好，因为他要冒着被识破的风险，所以每次面试不成功时，他都不得不向面试官请求道歉，每次离职也要同上司、同事以及人事道歉，在工作时他总是小心谨慎不敢有半点差池，免得被人揭穿。然而，即使他使用了假学历，但他拒绝一切对其人品道德的质疑，他认为自己处事这么多年，至今仍然保有赤子之心。

站在各自的立场观点上来看，好像都有道理。但我想放在时代的背景下看待这个问题。说谎无非是为了多给自己一个机会，你要承担说谎被戳穿的风险。你在博弈，如果自己的谎言侥幸没被发现，自己将获得一个如何如何的机会，赢得怎样怎样的人生。

但是，请记住，那是在过去。在如今的互联网时代下，在现在的大数据时代下，其实每个人都是赤裸裸地站在公众的面前。所有谎言不是可能会被戳穿，是一定会被戳穿。

就好比那些虚假广告，在拍摄、制作、播出这些广告时，你明明知道它是假的，你明明知道自己的产品效果没有这么好，但你希望有这么一批顾客购买，你希望提高自己的知名度，OK，那你就去做，但是一旦顾客购买了你的产品发现了问题，你将受到多大的惩罚，想必你心里也一定很清楚，你愿意承担这个代价，就去做吧。

所以，你要是觉得你说谎能给你事业带来好处，你就去说谎，但是你要做好被人戳穿之后的心理预期与准备，因为这一天迟早会来。

我们这代人的迷茫

一个饭后的夜晚，我和妈妈在街道上散步。

“哈，我们现在都是无业游民了。”辞职后的一段时间，由于没有想好未来的路该怎么走，我决定暂时在家里陪妈妈。

“年轻的时候，我也经历过这样一个时期。那个时候，我和你爸爸（继父）一起从XX公司（一家国企）下岗，每天送完你去上学，我跟他两个人就躺在床上，望着天花板，那种绝望啊，是你不能想象的。”妈妈回忆说，“你说我们两个大活人，当时都没有了工作，就眼见着钱一分一分地少，都不知道下一步要怎么办。所以那时，我们就拼命找工作，兼职的全职的，什么工作都做，工资也就三四百块钱，哪还像你一样，这个不满意，那个也挑剔，天天喊着要追求梦想，我们能赚钱养活自己就不错了！”

我依稀记得那段时间，那时我大概七八岁，离异后的妈妈刚和继父好上了，两个人一起从国企下岗，我们三人蜗居在一个16平左右的平房里，室内没有卫生间，一张大床、一个衣柜、一张饭桌、三两个凳子、一台14寸的黑白电视、一台小冰箱，是我们所有的固定资产。

继父是原单位的高管，没有顺手牵过一只羊，妈妈原先只是个小会计，因此二人留下来的流动资产也不多。

可时过境迁，如今，虽然我和妈妈都待业在家，虽然妈妈为公司所累，有百万的贷款未还，虽然我现在收入几乎为零，但我们却全然没有了彼时她和继父躺在那间平房望着天花板时的无奈，因为我们潜意识里知道：我们不会被饿死，也不会被冻坏，我们依旧有着一套精致装修的房子，我们依旧水果蔬菜不断，我们无需每天都对开支进行记账，我们生活得依旧小康。

想想也是，物质基础决定上层建筑。也许，我们这一代的绝大多数人，都不会再经历妈妈刚下岗时的心态了。正如我采访过的一个90后创业者所言：90后没有后顾之忧，从小没缺过什么，今后只要混得不算太差，也不会缺太多，所以可以轻装上阵，我们不看重成功与失败，重要的是干的事是不是自己心之所向。于我们而言，似乎是在寻找一个理想国。如果理想国建立起来，钱、权啥的都来了，挺好的；但是，如果没有建立起来，也没太大关系，反正本来也不愁吃喝。

这位创业者是画皮皮的CEO杨光，采访时，画皮皮的开发公司——北京皮皮互动网络科技有限公司刚刚结束的PreA轮的融资，估值接近一千万美元，当时我问他：“小小年纪，就当上CEO，就有这么多资本，是一种怎样的感受？”他给了我上述回答。

杨光所述也许只是当代年轻人的一部分，也许还有些年轻人依旧在为生活所困，但我认为，他所描述的情景，正是时代未来的发展方向：随着社会财富总量的增长，也许，在不久的将来，即使你不工作，国家也会给你足够的社会保障，让你衣食无忧。

那么，我们会愁什么？愁我现在之所愁：不知道自己到底喜欢什么，该干什么，如何实现个人价值。《和机器赛跑》一书中就指出：如今，随着互联网技术的侵入，人类进入到了失业模式当中，很多工种将不再需要人力来完成，而是机器，机器可以更快更好地完成以往我们的很多技术。而著名主持人罗振宇也借此在其自媒体节目《罗辑思维》中表明观点：由于人类财富的海量增长，我们这一代人的失业后的悲剧将不是面临冻饿而死的危险，而是人生变得灰败，找不到个人存在的意义。

那该怎么办？也许我继父就是一个很好的例子。继父的年纪比妈妈大很多，相比于妈妈离职后去了一家民营企业做财务总监，继父则是选择自己开了家音乐艺术辅导学校。学校创办之初，我们都很不看好，他每天早出晚归，也没见挣到一分钱，“你为什么就是不肯去XX公司呢？那边给你的待遇那么高！”妈妈总对他说这句话。

的确，以继父的资历，有不少公司都希望聘请他当项目经理以及高层管理，可是他偏不愿意，“虽然得心应手，但不是心之所爱”，继父幼年有文工团的经历，对于他来说“音乐才是自己所爱”。

十个学生、二十个学生……父亲就靠着一年一年的积累，一步一步的认真打磨，如今这家学校在创办十几年后，在当地已经小有名气，虽然学校规模依旧不大，却一直保持净收入持续增长。“我们学校这个获奖、那个获奖”是他的口头禅，而且每每说到，那种洋洋得意的神情在他脸上，都显而易见。

父亲如今依旧很累，每天早上7点钟去学校，晚上11点多才回家，七十多岁的他却没有一丝疲惫之情，比起天天朝九晚五的白领更显得精神洋溢，大概只要心不累，身体的疲惫也会一扫而尽。

其实，无论做什么事都是这样，只要认真地去做，长久地去做都能够做出些名堂，只是很多人没有办法在亏损时依旧做到坚持，在严冬酷暑之下依然夜以继日地辛勤工作。

为什么我们这些身强体壮的年轻人还不如一个六七十岁的老人？最根本的原因大概就是我们所做并非我们所爱，工作没有归属感！

借用狄更斯的那句话：“这是最好的时代，这是最坏的时代！”也许在这个时代，我们会面临大量的失业，但是我们并不会饿死，我们有更多的时间去做我们所想、我们所爱，然后找到自己存在的价值！

Part 2

你要相信，努力就会有好前程

机会稍纵即逝，努力要趁早，每一次的出场都全力以赴，不给失败找任何借口，是这个时代的生存法则。

努力要趁早

去弟弟家吃饭，看到正在读初中的弟弟埋怨自己的生活：

“每天这么多作业，怎么写得完？”

“写这些东西哪有用，现在都是用手机算数，以后谁还会需要算这些方程式？”

“背这些文言文有什么用，我跟你们讲文言文你们听得懂吗？”

巴拉巴拉，他说了一大串。弟弟他妈有些生气，埋怨弟弟不争气，于是两个人吵了起来。

这一幕，其实并不少见。我想，很多孩子小时候都是这样，怨老师布置的作业太多，父母管教太严，作业是能拖一天就拖一天。

想想看，自己小时候也是这样的。甚至在长大了后，我也常常搬出“是金子总会发光”，这样的心灵鸡汤来安慰自己，告诉自己慢火才能出真功，总有一天铁杵会磨成针。我还老爱和别人举这样的例子，某某某，多少岁才成就了一番事业。

直到后来，我在为自己过去的懒惰和拖延买单时，才突然间明白，努力要趁早。毕竟，那些多少岁才成就了一番事业的人，还是小概率事件。事实上，对于绝大多数人而言，想要在未来做出更多的成绩，还是要趁早努力，趁早做出一番成绩。

做记者以后，常常要采访大学生的就业情况。每每听到的都是：“现在找工作太难了，我看得上的都看不上我！”“他们总是要求这个证那个证，可是我都没有考！”“他们的招聘简章上明确写了只要“985”“211”的毕业生，我连投简历的资格都没有！”

有不少人对这种现象表达不满：文凭很重要吗？名校很重要吗？多少人上了清华北大，最后还不是一事无成？

对不起，很遗憾地告诉你：文凭确实重要！仔细想想，我们能够数出的名人，绝大多数还是出自名校。当然，有人又会说，清华北大本身门槛就高，能进去的素质都不低，未来当然更容易成功。对，这正是我要表达的：努力要趁早！出名要趁早！

不要抱怨这个社会的不公平，不要感叹自己怀才不遇，这就是现实。在效率第一的客观要求下，凭借毕业院校来选择员工是最省力的标准，毕竟“985”“211”类院校的确更容易产生优秀的毕业生。

也有人会说，那我未来好好努力，去读个名校的研究生。可是，亲爱的，很多用人单位一来有一条就是：第一学历（本科）“985”“211”。我还记着这条新闻：本科毕业于西北某普通高校的张仲栋在工作两年后考取了清华硕士，本以为走上人生坦途，没想到却在毕业时屡遭为难。他表示，“有些招聘单位明确表示要本硕都是‘985’‘211’，有些则会在我过了好几关到达终面时才告诉我对本科学历也有要求。”

是很不公平，但这就是现实，也就证明了努力要趁早！出名要趁早！

从个人的能力提升来说，“趁早努力，趁早成功”也是有道理的。“马太效应”这个词大家应该都不陌生，说的就是“任何个体、群体或地区，一旦在某一个方面获得成功和进步，就会产生一种积累优势，就会有更多的机会取得更大的成功和进步”。

中国人讲究的“一鼓作气，再而衰，三则竭”，说得也是这个道理，第一次就把事情做好，往往后面的事都容易多了。

工作后，有很多刚毕业的年轻人，总喜欢说上一句：“对不起，这是我第一次做这件事，可能做得不好，还请多多指教。”可是，亲爱的，当你说了这一句话之后，其实就意味着你输掉了一半。

社会不是学校，公司没有理由付出成本给你学习。在你说完这一句话之后，就意味着你给人留下了“办不成事”的印象，当你准备好了，能干好事情时，却早已失去了机会。广告界的文案大师黄欢就在她的一本书中说：“你以什么样的姿态出场，你给大家什么样的第一印象，会造成在你今后职业发展过程中一系列资源配置上的连锁反应。

在当下这个时代，更要注重“努力要趁早”这样的道理。有人借用狄更斯的话说：这是最好的时代，也是最坏的时代。的确，现在这个时代，到处都是机会，互联网的兴起，让很多行业都重新洗牌，边边角角都能扎出一个口子，长出苍天大树。可是，这也是一个最坏的时代，因为任何一个口子，凡是有人播下了种子，后人便再无机会，所以互联网时代有句话叫“赢家通吃”。比如，一个APP成了用户的首选，那么同类的软件便很难生存。

机会稍纵即逝，努力要趁早，每一次的出场都全力以赴，不给失败找任何借口，是这个时代的生存法则。

有些事今天不做，你就永远不会做了

“有件事，我一直想做，就是没有时间，等我有时间了，我一定会做。”类似这样的话，大概你也说过。但扪心自问，你做到了吗？反正，我是没有做到。

念中学的时候，在一次晚自习回家的路上，被学习压得喘不过气来的我，感觉到快窒息了，我故意没有直接回家，而是绕着小区走了几圈，在小区附近的一个广场上，我看到几个穿着花绿、头发也染得五颜六色的年轻人正跳着街舞，音响声放得也很大。强烈的音乐节拍，敏捷的舞姿身手，让我突然觉得：这才是青春！相反，自己的生活好像就是成天淹没在各种公式、课文、单词中，似乎很没有活力。那个时候，我就在想，高考结束以后，我一定也要学街舞，我也要变得像他们一样，充满朝气！但事实是，直到今天我也没有买过一张街舞教学的光盘，没有报过一次街舞学习的培训班……

刚读大学的第一个寒假，因为生活轻松愉悦，也没了以往的作业压力，加上吃了太多的高热量膨化食品，结果短短十几天竟然长胖了近10斤。回到学校后，总被男生唏嘘，身为女孩子面子上自然挂不住，也希望自己漂亮些，于是就心心念念想着要节食减肥，可恰恰那个时候，正好在准备一个创业竞赛，每天工作都安排得很满，吃饭也由组织提供，不方便在食物上做文章，于是我就对自己说，等比赛结束，一定好好减肥。但事实是，从那个时候起，几乎每天都嚷着要减肥的我，直到大学毕业也没瘦下来过。

工作以后，由于自己所从事的职业并不是大学所学的专业，算是半路出家，一直想着要多学些专业知识，提高自己的职场技能，于是七七八八买了一堆相关书籍。可是，每当晚上回家时，刚翻开一两页，我又对自己说，今天工作太累了，先休息会儿，闲些时候再学吧，于是，直到那几本书已经送给学妹了，我也没有翻过几页。

当然，我知道和我一样的人太多了。我也常常在办公室里听到，某某同事斩钉截铁立下军令状，这个月一定要瘦几斤几斤，可每次跟她一起出去吃饭时，她总是吃得最多的那一个，她总是说“既然出来了，就别委屈自己，明天再减肥”。我也常常在微博里看到有人抱怨：哎，一个好好的周末，什么事儿也没做，就这样稀里糊涂过去了。给学生做家教的时候，也会发现，他们每个学期之前都会列出好长好长一串学习计划，最后在期末时，几乎都没有完成……

为什么我们的计划总是会夭折？为什么我们往往达不到初衷？除了一些计划不切实际之外，更多时候我们的借口总是：手头太忙，等会儿再做，明天再做……于是，一日复一日，一年又一年，最后什么都没有做成。

实际上，通常情况下，并不是我们太忙才导致这些计划夭折的，比如在高考完的那个暑假，我明明有大量时间可以去学习街舞，但却没有去做；明明在创业比赛之后，我可以去减肥，却一直没有减肥；明明每天都可以看一两页专业书籍，但我却始终没有去看……事实上，常常是明明有大量的时间摆在我们面前，我们却选择了什么都不做。

我认识不少写作的大咖，他们往往都是工作忙碌的白领，早上七点出门，晚上六点下班，回到家里八点，做完饭，照顾孩子洗漱好，往往都要到九十点钟。但就在别人的生活要结束之时，他们却挤出了几个小时，坚持写作，如是日复一日，便积累成了今天的成就。

回忆起自己也是这样，往往在闲暇时想做却没空做的事情，到了工作后，却坚持了下来，而且越忙，做得越多。

很多时候就是这样，往往只有忙碌才能挤出时间。换而言之，我们只有在忙碌的生活中，才能意识到时间的宝贵，才会争分夺秒地去计划时间，去利用时间，去适应高强度的工作或学习，更加科学地管理时间。记得有位老师说过，时间不是有还是没有的问题，是怎么用的问题，人一旦闲下来，整个身体就会处于一种懈怠之中，想充分利用好时间，当然也就是一件十分困难的事情了。

所以，任何事情，想到就去做，如果现在不做，今天不做，可能你永远都不会去做了。

你这么努力，为什么还会挂科？

寒假放假前，约上了几个好友一起在校外聚了个餐。

“真背，回来还得补考数学！”小A有些不开心地说。

“老师不是勾题了吗？难道你没做？”高数老师是公认的老好人，从不与学生为敌，能让大家过的一定不会掐住不让过。这个期末也不例外，在考前给大家划定了考试范围以及考试题型，还提前为我们出了考试模拟题，题型啥的都在上面了，反正考完之后大家普遍都感觉很容易，而我也得了90多分。小A说她没过，简直不敢相信，她可是我见过的最努力的学生了，是不可能做不出这些题的呀！

“做了，可是我完全没感觉到题型一样啊！”话说到一半，小A一旁的手机又响了起来，“不好意思，我接个电话。”

“哎，小A估计是我们当中最忙的了，每次出来都有打不完的电话。”一旁的T说道。

顿时，我明白了为什么这么努力的小A会挂科了。小A七七八八参加了五六个社团，同时还是几个社团的小负责人，每天总有忙不完的活动，要打点各种事宜。可是，学习是一个特别需要安静思考的过程，很显然，小A这样的生活节奏几乎不可能让她有一个人安静地在教室或图书馆里看书的时间。

小A接完电话回来后，我对小A继续说道："题型都在上面了，不信你问他们！"我用眼神将吃饭的一桌同学都扫了一遍，大家也给予了认同的表情。

"那可咋办？！我是不是都白学了啊！"小A突然惊慌地说，"不行，回头你得帮我补补课，帮我看看那些题，我到底是哪里错了！"

吃完饭后，我便去小A的宿舍看了看她的习题册，不出所料，所有题目都是草草做完之后，草草对了遍答案，连批注笔记都没有。小A所指的考试题目不在这上面是指没有原题，可是数学这种东西讲究的是思维逻辑和做题方法，又不是让你单独背几个数字答案，当然不会有一模一样的题目呀！

其实，每个人的时间都是一样的，你把别人做一件事的时间用在做很多事上，自然不会有太大作为。就如同订书针一样，一次只能订几页纸，如果你抱着厚厚一摞纸，再怎么使劲也没办法一次性穿过。有些人看起来忙忙碌碌做很多事，但却往往什么也没干成，有些人好像弱弱的，但却因为目标清晰、全神贯注、全力集中、全力以赴，最后成就了一番大事业。

不久前，我遇见了一个儿时不太讨老师喜欢的男同学。当时每次都考最后一名的他，如今却成了一家外贸公司的销售总监。私下揣测，他大概是我们那一届毕业生中目前年薪最高的同学了。

我向他请教起了成功的秘诀。“没有什么，唯熟耳。”他笑了笑，跟我说了一个故事：

“你知道网络上有个风水大师速成教程吗？从一个什么都不懂的人到成为一个可以忽悠生意的大师只需要三个月！怎么做的呢，其实很简单，就是坚持90天：先花三十天把网络上所有有关风水大师的各种视频、文字资料都找来或买来背一遍；再花三十天把有关风水大师的所有提问都整理出来，把答案都记住，然后再到贴吧上免费给人算命，找找感觉，说白了就是不要钱来锻炼自己的口才和应变能力；最后一个三十天，申请一个微博，不断更新各种百科和观点，打造自己的品牌和知名度，把自己推广出去。”

同学说，这个故事对他启发很大，他幡然醒悟，决定向“大师”学习，花了三个月在家里硬是把自己打磨成了营销大师，后来他去了现在的这家外贸公司，从最低级的销售员开始做起，把自己三个月的积累一一对照着实践，很快就变成了公司的销售大王，最后升职至现在的销售总监。

同学的天赋并非很高，他能有今天的成就，很显然，和他三个月的坚持有密不可分的关系。三个月看起来不长，但能真的定下心专心好好学习一件事，并且坚持90天的人并不多见。然而，一旦坚持下来，你就会发现，当你一个人围着一件事转了很久后，全世界开始围着你转了。

所以，不要让自己看起来很努力，而是让自己真正在一件事上做到极致，这样所有的大门都会向你敞开。

二十几岁就存款，不是一个好习惯

“姐，我想问下，××大学××专业研究生怎么样啊，我想辞职去考研。”曾经带过的一个实习生发微信如是问我。

“挺好的。去吧，加油！”记得这位姑娘刚来实习的时候，正好是大四的下学期，当时她刚刚考完了当年的研究生考试，应该是没有考上如意的学校，于是选择了先工作。想到读研究生毕竟是人家的一个梦想，既然她愿意重新起航，我自然是祝福和鼓励的。

“姐，我想问问你，××工作待遇怎么样啊？我看到他们在招人，想去试试。”然而，还没等一两天，这个姑娘又发来了一条这样的微信。

“你不是要考研吗？”我问她。结果她告诉我：“其实我也很纠结，家里刚刚买房子，经济有点紧张，父母也希望我先找个稳定的工作，现在我是在考研和进企业之间拿不定主意。”

“你家是已经到了需要你挣钱还房贷的地步吗？”我问道，“如果没有到非你不可的时候，这个因素可以暂时先放一边。你现在首先要弄明白自己读研是为了什么。如果是为了有个好文凭日后好找个待遇好的工作，那么算了吧，这张文凭可能会令你失望，因为现在这家招人的企业待遇就不错。但如果你读研是为了沉下心来学一些东西，或者给自己几年的时间出去看看外面的世界，倒是一个不错的选择，因为这些可能是你工作后很难带给你的。”

“我考研就是觉得自己肚子里面东西太少，想多学一些东西，而且想去外省看看，毕竟云南经济比较滞后。”其实姑娘说到这份上了，相信她自己也已经很清楚该如何做选择，我便没有继续说太多。

姑娘的纠结大概是很多即将毕业或者刚工作不久的年轻人都会面临的选择难题：我是不是需要先找一份稳定的工作？我要不要开始积累储蓄？选择一份有前景的低薪工作还是一份收入高但自己并不喜欢的工作？

因为这些也是我曾经的困惑和纠结，但今天我可以很明确地做出我的选择：在二十多岁的年纪里，不去考虑积累财富。

有人打过这样一个比方：如果把人的一生比作一天的二十四个小时的话，假设你今年二十四岁，又假设人的平均寿命是八十岁，那么你现在相当于早上七点十二分！是不是非常惊讶，原来你以为已经活了很多年的自己，人生才刚刚开始！你要在人生才刚刚开始的时候就放弃梦想，放弃未来的一些可能，过着按部就班的生活吗？

看看你的父母，你就知道，人一辈子中的绝大多数日子都是在按部就班地进行着，而且越到后面也越难再有所突破，因为你有家庭，有孩子，有太多的责任，同时，你也很难再有年轻时期的拼搏精神——被岁月蹉跎过的人生，大多如此。所以，你将来有大把的时间去过这样的稳定生活，为什么不选择在自己还充满斗志的年纪里抓住青春的尾巴，再去够一够曾经的梦想呢？

再说说积累财富的问题。如今，畅销书架上最走红的大概就是理财类的书籍了，大学生们也多热衷于听学校的财富讲座，大家都迫不及待地想在大学里赚得第一桶金，甚至有不少同学不惜翘课去做兼职，各种节假日也都扎堆在中介机构寻找发传单的机会，所以也有人将大学生比作廉价劳动力。

金钱就是有这样的能力，让人着魔，一旦银行卡、支付宝、财付通等储蓄平台积累了一定的财富，哪怕它很少，都会让人忘乎所以地沉迷其中，陷入这种立竿见影的财富积累当中，而忽略长期规划。因为这种财富积累方式稳定、可见，于是大家自然对那种高风险且充满不确定的长期规划投资产生了厌恶。

比如，还在念大学的你知道好好读书是当下应该做的事，但寒窗苦读并不能给你的未来一个确定的美好，于是你渐渐地对这种努力丧失了信心；反之，你尝试了兼职打工，你发现只要你出去干一天活，就能立竿见影地看到一笔确定的小收入，慢慢地，你便迷上了这种快速来钱的渠道，你把更多的时间放在了兼职上，图书馆去得越来越少了，书也看得越来越少了，你唯一的要求就是不挂科。最后，你终于把四年的大学给混完了，你的存款可能有了小几万，但这小几万却让你迷失了方向，在最好的光阴里，失去了提升自我的机会。

电视剧《克拉恋人》捧红了女二——高雯，她敢爱敢恨的性格让很多人都拍手叫好，而我最喜欢的是她在剧中说过的一句台词："我没有什么存款，我的钱都拿去投资我自己了！"我想，也正是因为高雯在年轻的时候，毫不吝啬地投资自己，才使得她最终有了成为巨星的资本！

姿态如何，未来如何

实习真的什么都学不到吗？实习生就只能打杂吗？实习对未来找工作有什么帮助？……总有不少同学在网络上问我这样的问题。

说句万能的废话：完全取决于你自己。不过，这也是我的心里话。

寒暑假期间，单位总会有一大批学生来实习，迎来送往，来来去去，留下印象的并不多，而小张和小华是例外。

她俩是同时来实习的，都由我带。小张人长得漂亮，文笔也更好，并且大学期间已经在不少媒体实习过，算是半入门了，而小华则显得相对愚笨一些，试写的一些新闻稿几乎都没能抓住新闻亮点，就是中规中矩、按部就班地把新闻要素堆砌了一遍。毫无疑问，我更喜欢小张，也更愿意把采访稿交给小张来写。

一次博览会的采访，小张和小华都去了。回来时，我让她俩分别写份稿子交给我。

意料之中，小张写稿的速度还是远远超过了小华，语言流畅、词藻华丽。“未来，她真有可能是个小作家！”我如是想，心中也是愈发地欣赏她。

当然，她的问题还是要指出的——虽然她的文辞十分优美，但放在这篇新闻稿中却并不合适，毕竟新闻不同于文学作品，修饰太多，技巧太多，主题可能就不是那么清晰明了了。

“小张，你这篇稿子可能还得改改。比如，你这开头就有问题，你引经据典太多，更像是你的个人见闻，而不像新闻。写新闻只要把该说明白的事实说清楚就行了……”我本想继续顺着稿子，一一指出她的问题，好让她做修改。

“我觉得没有什么不好，我以前在××杂志的时候，也采访过这样的新闻，人家也没说不合适。”还没等我说完，小张便嘟起了嘴，“你要感觉不合适，你改了之后，我看看就是了。”我抬头看了看她，一脸的傲娇之气，让我没有办法继续跟她沟通。

“那行，你先回去吧，我来改。”此时此刻，我竟说不出第二句话。

小张的稿子是不能用了，还得自己写。于是，我把小华喊了过来，准备向她详细了解当天采访的内容。

“我们第一个采访了……他是一个房地产中介，他说了……”小华对着她的采访本，一字一字地念着。

“不好意思，打断一下，你没有必要把他说的每一个字都记下来，挑主要内容、重要的内容说就可以了。”我有些不耐烦，这个胖胖的女生，说话慢吞吞的，最让人没有办法接受的就是，她把采访对象说的每一个字都记下来了，而有些话根本就是别人的口头语，比如，“呵呵”等。

她脸也唰地红了下来，窘迫慌张的神情显而易见。“嗯，不好意思，老师。我们接着采访了……他说……”小华小心翼翼地说着，看得出她正极尽全力按照我的要求表述，不过，依旧啰嗦。

“好了，既然你记录得这么详细，我直接看就好了，不清楚的地方再问你。”我对小华说道，并示意她搬个凳子坐在我旁边。

小华的采访笔记果然详细，面面俱到，字迹也很工整。说心里话，单从采访笔记的认真程度与书写的工整度来看，小华远胜于我，也远胜于我所认识的所有同行。

“你怎么可以记录得那么详细？”我问她。

“我是用手机把她说的话都录下来了，回来之后整理的。”小华有些不好意思地回答道。

“嗯，不错，很认真。”我一时竟接不上话来。在那一瞬间，我对小华的好感油然而生，“你稿子写得怎么样了？”

“写得不好。”小华低着头。

“拿来看看？”

小华的神情有些诧异，对于我要看她稿子这件事，她有些措手不及。毕竟，在此之前，我几乎都是直接改小张的稿子，成稿后发给小华看，示意她自己对照着学习。

我对自己过往的行为感到很抱歉。此时，说话声音降了两个度的人由小华变成了我。我对着电脑，拿着小华的采访本，开始写着这篇稿子，并逐字逐句地跟小华解释，为何要这样处理……

此事之后，小华的积极性更高了。不仅每次采访后都主动向我请教，稿件该如何写、如何改，还时不时自己主动报新闻选题。两个月以后，小华的进步，让我们所有人都大吃一惊：在一般的稿件处理上，小华完全可以独当一面了。

小张和小华的实习期结束后，我与小张便没了联系，而小华则加了我的微信，并不断继续提着她各种各样的问题。

如今，她俩都已经毕业了。据说，小张去了一家广告公司做文案，恰好那家公司的老板是我曾经的学长。我相信以她的基础和灵气，做这份工作并不会太吃力，不过据学长说，她依旧是那样傲娇，而作品却也并不尽如人意。而小华毕业后则进了一家报社，现在我也经常能在那家报纸的头版新闻上，看见她的名字。

你不是懒，而是患了拖延症

在弟弟家总会听到这样的对话：

弟弟他妈："叫你去看书，不是这里摸一下，就是那里走一下，看个书有怎么难吗？你马上就要考试了，这样下去肯定又考不好！我说，你怎么就这么懒？！"

弟弟："你看嘛，桌子这么乱，我先收拾一下不行吗？这么乱的环境，我肯定复习不下去！"

你是不是也常常有这样类似的情景：你有一个很重要的方案要完成，决定着你的升职加薪，你希望能够一次就做得十分完美，亮瞎所有人的眼。可是，当你走到书桌前，你又发现好像还有什么没有准备好——你需要一杯咖啡。当你把咖啡放到自己手边准备打开参考书看时，又发现桌子是不是有点乱，还是先收拾桌子好了……你发现了很多自己平时都不爱干的琐事，这个时候你都愿意去做，就是迟迟没有开始做你那个想要亮瞎所有人眼睛的方案。你开始对自己很失望，你怀疑自己是不是太懒了，你很焦虑，你觉得这样下去，你肯定要完蛋！

如果你的确也常常有这样的焦虑，那么这篇文章，应该会对你有些帮助。我来说说我的故事。一直以来，我也是个一干起正经事就拖沓得不行的人。比如写稿子时，我总是想着要一次性就写完，而且要写得多好多好，于是总是在开头就纠结不断：到底是哪个素材放在前面，开头是倒叙还是插叙，标题的名字太普通了，怎么才能有一个令人眼前一亮的标题？

所以常常一篇稿子，我总是半天不能开始动笔。坐在书桌旁发呆，越发呆心里越焦虑，越焦虑越写不出好东西，后来干脆去床上躺会儿，可是躺着心里的焦虑也不会减少半分，看看时间越来越少，又爬起来继续坐在书桌旁苦思冥想。结果往往是要等到编辑催稿了，自己才草草书写，应付了事。

有人说，我的情况就是患了拖延症。拖延症的病因不是懒而是完美主义。因为懒是压根不想做，而我是很想做，甚至很想把它做好，但是却迟迟不敢动手开始做。

朋友建议我不妨尝试一下，一开始就写一个很烂的稿子，然后想到什么再慢慢修改。我照着他的建议尝试去做了，结果让自己大吃一惊的的，这方子果然奏效，稿子受到了编辑的好评。

后来想想这大概就是事物发展的必然规律吧，你想最初就做好一件事本身就是很难的，任何事物都是在反复修改和实践中得到提升的，这叫产品的迭代，烂的开始是成功的一半。

在这个时代，我们往往会被各种信息干扰，朋友的一条微信，淘宝的优惠推送，微博的热点新闻……但凡我们所要完成的那件事不是那么有趣，比较无聊，或者比较费脑，我们就容易被外界所干扰。

后来，我把朋友给我的药方介绍给了弟弟。弟弟比较聪明，但却总在背单词上面十分费力。弟弟他妈说："就是静不下心来，一背单词就坐不住，不是这里动一下，就是那里动一下。"

我说，别急，主要就是因为背单词这件事情比较费脑，也比较枯燥。在他实在静不下心时，不如索性就不要他背了，直接让他抄写单词。

"对啊！反正我们听写单词不过关，老师也会让我们罚抄，不如现在就抄掉，也免得日后麻烦！"这个主意让弟弟感到兴奋，马上就执行了起来。

当然，罚抄的这些单词没有派上用场，事实证明，弟弟第二天的听写顺利过关！因为在他抄写单词的过程中，多多少少是记住了一些的！

其实道理很简单，很多我们拖延着的事情往往具有这么几个特点：要么无聊，要么十分烧脑，要么不是做了就能立竿见影看到答案，面对这类必须做却无法专心做的事情时，不妨把它拆解成很容易完成的"体力活"，比如你看不进一本专业书，你就把这本书读出声来，比如你写不出一份提案，就抄几份范文……慢慢地，你会发现这些看似无用的体力活都会为你的灵感加分，会助你圆满完成你的任务。

说白了，对付拖延症，最好的办法就是：把一切变简单，那么一切就尽在掌握之中了。

你有多久没有看完一本书了？

感谢你，能捧起这本书。感谢你，读到了这一页。在这个时代，还能好好读一本书的人，真的不多了。

很多人也许订阅了上百个微信公众号，很多人甚至也有定期购书的习惯，但看完一本书的人，太少太少。读一本书，需要你足够静下来。

读书，培养的是一种思维逻辑和大局观。这是单篇文章无法做到的。一本书的成型需要作者的全局思考和编辑的精心整理。写作的过程就是一种逻辑的梳理，没有人愿意买一本逻辑混乱的书籍。看完一本书，就是一次锻炼大脑的机会。每一次精心的训练，都会让自己的大脑形成一种逻辑，进而渐渐内化到自己的认知中。而在面对生活工作中的困难时，这些逻辑也会自然而然地运用到其中。

很多人喜欢去读干货，我曾经也想这样节约时间，却发现得不偿失。

也许你现在很想好好读完一本书，但却因为很久没有读书，已然不知该下手。比如，一本书太长，怎样制定读书计划？去了书店，也有了kindle，却不知道该如何选书？选了一大堆书，不知道从何读起？

读书速度慢，常常半天领悟不了要义？

我在刚参加工作的时候就遇到过这样的情况，因为大四忙着找工作找实习，工作了忙着适应新环境，没有好好读书，等到后面有闲了，想好好看一本书的时候却发现无从下手。

于是，我就去想曾经为什么会喜欢看书，自己最初是如何爱上看书的。时间回到小学时期，从一年级开始，妈妈便给我定了两本杂志，一本是《儿童文学》，另一本是《小哥白尼》，虽然很多同龄人更喜欢看小哥白尼，可是我偏偏就是不爱看，反而《儿童文学》更加让我爱不释手。

我依然记得，那个时候，妈妈常常会骂我拖沓，因为写作业前我总要读两篇《儿童文学》上的小说，每个周末，明明已经醒来了的我，就是迟迟不愿起床，要赖在床上读几页《儿童文学》，每期新的杂志到了，我总是会迫不及待地翻阅上期还没有完结的小说；每本杂志的每一页上都会留下我的各种笔记，每篇文章我都会读了再读。

慢慢地，我竟然发现自己不读书就不痛快了，慢慢地，我也能一大串一大串地叫出很多作家的名字。于是，我便顺藤摸瓜地去寻找这些大咖们写的其他的书目。往往，会写校园生活的作家，也写科幻题材的小说，慢慢地，我便对科学也产生了兴趣，继而又反过来翻阅《小哥白尼》之类的杂志以及书目。

其实，这也就是让自己养成读书习惯的好方法。很多人总想着，我现在要读书了，那我就一定要读最经典的那一本，哪怕你对它并不感兴趣。于是，书也买来了，但是你却读不下去了，哪怕人人都喊好的书在你眼里也变得索然无味。即便是《红楼梦》这样的名著，你也翻不到第二章。你的读书计划还没几天就夭折了。

读书还是要从兴趣入手。经典并非不应该读，只是若你读起来感到晦涩难懂，那就且先放一放，任何习惯、任何能力都是需要循序渐进养成的。你读不来这些经典名著，可能是你的高度还不够，也可能是你的社会阅历还不够，正如你要一个小学生去读大学课本，这样非但对他没有任何帮助，反而会打击他的积极性，不利于继续坚持。

工作后的我，因为喜欢看罗振宇的脱口秀，于是我就找来罗胖推荐的书目一一来读，因为我认同罗胖，所以想必他推荐的书目也一定符合我的胃口，果然，很快我又形成了一周两本书的习惯。这一习惯，至今雷打不动。

在这个浮躁的时代，让我们一起好好读书。

凡事，预则立，不预则废

准备是能给人带来脱胎换骨的效果的。

高中毕业后，趁着一个没有作业负担的假期去新东方报了个班。新东方老师的厉害果然是名不虚传的，尤其是对于一个像我这样从来没有参加过他们培训班的小姑娘来说，简直是大开眼界：每个老师都学识渊博、幽默风趣、能说会道，他们有故事、有起伏，还有金玉良言，不能更爱了，有木有？

后来一个朋友告诉我，新东方老师之所以这么牛，都是练出来：每一位老师在备课时都要将自己所说的每一句话，一个字一个字写下来。上过新东方课的同学应该都知道新东方老师说话时的语速本身就高于普通人的正常语速，也就是说，我们正常人一分钟240字左右，而新东方老师一般要说到300字一分钟。假设一位老师坚持上一个上午的课，也就是4小时，那么他要准备的字数就是300×60×4，也就是72 000个字，即这本书厚度的三分之二！这还仅仅是第一步，写完还得继续修改，如此往复N遍！

难怪每一个老师都能妙语生花！这个故事让我很受教。一直以来我都是一个害怕面对公众讲话的人，每次公开发言，我都会紧张到语无伦次，结结巴巴，最后硬生生地拖到“谢谢大家”，然后落荒而逃。

但很不凑巧，不善言辞的我，偏偏喜欢媒体这个行当，偏偏选择了一个要常常当众说话的职业。

记得我刚刚考取我们台的时候，要做口播新闻，即便是录播（就是提前录制好的那种），我都会做得相当糟糕，因为只要是对着话筒，只要我想到将会有很多人听到我的声音，我就会莫名地紧张，虽然我知道这毫无必要，因为假设我做得不好，重新录一遍就好了，可是知道是一码事，紧张是另外一码事。

直到朋友把新东方老师备课的方法告诉我之后，我也如是尝试，我总是会在录音前先把稿子念个十遍二十遍，哪里该停顿，该停顿多久，我都会刻意地标注出来。

我的声音从小到大都被朋友、同学指出有“娃娃音”，但我却全当人家是夸我“萌萌哒”，还暗自开心。直到工作后，有个前辈对我说：“你的声音太孩子气了，不适合说新闻。”我才突然感到着急。事实上，在我没有接触话筒前，我一直以为自己的声音好听得不得了，其实全是自己的想象罢了。（PS：人其实是很难听到自己真实发出的声音的，所以每个人心里都有一种声音的模板，但这并不真实。如果你希望练就一副好声音，不妨把自己的声音录下来，听一听，找到问题，然后解决。）

从那个时候开始，我便会刻意地去模仿自己喜欢的人的声音，自己希望发出的那种声音。其实，也没用多长时间，我做口播新闻的进步就令人刮目相看了。有一个叫婷婷的同事就在私聊时，明确地对我说："说实话，你以前做的口播真的是听不下去，现在好多了！"

除此之外，由于我每一次做口播都会预先练习很多遍，因此后来再做现场口播报道时，我也能提前和导播说好我需要的时间。因为我能够掌握自己的语速，也因为我在连线前已经把稿子提前准备好，读了很多遍。

凡事，预则立，不预则废。我知道我会在大众面前说话怯场，那我就提前练好N遍，练到自己想吐，练到就算我死也忘不掉那些我要说的话。我知道我说话缺乏幽默感，我就天天看各种脱口秀，背各种段子，即便学到了三招两式，也够我耍上个半天。我知道我的肢体表情比较僵硬，我就天天对着镜子练习自己说话时的神态和肢体语言，即便做梦想到这些情景也能条件反射一般做出肢体行为。

我记得有一回我们台做内部的学习分享，我是分享人，分享主题是关于投资理财方面的内容。天啊，我简直紧张到了骨头里，且不说我并不是该领域的专家，单单是要让我面对一群主持咖，面对一群前辈、领导说话，我就已经慌了神。

但是，演讲的结果是，很多同事都跑来问我接下来该如何投资，该买哪只股票——大家把我当成了股神！其实，我自己几斤几两，心里再清楚不过了，只不过是我提前做了太多的准备，这二十分钟的演讲内容，我整整准备了一沓资料，看了十多本相关书籍，我只是站在专家的肩膀上，沾了光罢了。

观众散去，我一个人停留在原地狂喜。这种把大家都“唬住”的感觉真好！我也是在这个时候突然明白了小时候的那个未解之谜——为什么那些学霸们总是说自己没复习，最后却考出那么惊艳的成绩——因为人家根本就是假装没复习，指不定在家里熬了几个通宵呢，人家就是享受这种“唬住”大伙儿的优越感，以显示他们很聪明！

正如戏曲中任何一次“包袱”都是设计好的一样，没有任何一次精彩的演出是即兴表演，也没有任何一段惊艳众人的词句是神来之笔，你只有花上十二分的准备才能得到十分的表现。

凡事，预则立，不预则废。

农村的哥哥为什么富不起来？

不记得从什么时候开始，我就不太愿意回到农村里的那个老家。不是因为瞧不上老家，也不是很多人认为的忘本，只是因为回到老家几乎找不到一个人聊天，大家的关注点好像都不在一个频率上，没有共同语言。

小时候，我还会和哥哥们一起玩耍。我依然记得，我们夏天在田野斗蛐蛐；我依然记得下雪了，哥哥们会陪我一起打雪仗；我依然记得，哥哥们总会说家门口的那个池塘里有水鬼，编各种鬼故事来吓唬我……我依然怀念这一切，记忆中，童年的那些画面依然很美好。

可长大后再回到老家，那些曾经的温暖却都找不到了。每每亲戚见了我也最多就是说一句：“我们家的大学生回来了！”哥哥们也都有了自己的生活，不愿和我多聊。

特别是刚工作回老家的那一年，感触特别深。我曾经最要好的大哥，蓬头垢面，抱着孩子蹲在家门口晒太阳。我想上前找他说话，却很难找到共同的话题。

“哥，要不咱们开个网店吧，我来做推广，你负责提供农产品，咱们老家这些土特产都很好的，拿出去卖肯定会受欢迎，很有市场的。”我对哥哥说。

我依然记得哥哥曾经在全家人面前，信心满满地说起他要如何大展宏图时的样子。那一年，哥哥由于没有考上高中而放弃读书，直接参加了工作。刚工作不久的哥哥说，等他未来打工挣了钱，就回老家来创业，他要开一家农产品供应店，把老家的产品都推广出去！

“折腾那个干啥，你看我现在房子也盖了，媳妇儿也娶了，儿子也有了，不愁吃不愁穿的，还创什么业嘛！”哥哥逗着孩子，显然没有太听我说话，我也便知趣地打住了。

再后来，我们遇见，他也只会跟我聊一些今天天气怎么样，明天去谁家打麻将，谁家又盖新房了，年末要杀几头猪这类的话题，曾经那些关于理想和事业的抱负不再提起。

我有些遗憾我们的关系变得如此之淡，我们从亲密无间的兄妹变成了如今四目相对却找不到共同话题的路人。看着年纪还不到三十的哥哥如今一副毫无理想、懒洋洋的状态，我有些痛心。我明白，哥哥的斗志就是被农村的这种安逸的生活和封闭的思想所磨灭的。因为老家的人都认为，能有哥哥这样的生活就够了。

人们总说“人穷就穷在思想”，我觉得也可以说“穷就穷在环境”，一个封闭的没有太多刺激的环境，必定看不到更大的世界，必定也会变得思想保守，而保守的思维显然不会主动去寻求突破，如此循环往复。大概农村的年轻人之所以穷，就是因为他们过早失去了生活的激情和向往，享受现下的安逸与从容。

前些天，听爸爸提起乡下小弟的情况，和哥哥当年的情况差不多，高中没考上，爸爸问我："你觉得应该让他复读，还是就在老家做个小生意？"我想也没想，赶紧说，当然是选择继续读书，哪怕要做生意也去大城市里面做！不为了挣钱，不为了别的，就为了开阔一下眼界，充实一下思想，改变一下精气神，以便更好地理解现在的社会发展和生活状态。

沉没成本和机会成本

在网上团了两张电影票。我和朋友决定先去商场五楼吃些东西，再去四楼的电影院看电影。可恰巧碰上堵车，我们到得晚了，五楼的各种饮食店都门庭若市。没办法，我们不得不又去三楼逛了逛，那一层卖的是女装。

我看中了一件衣服，但是没有合适的尺码，商家说可以购买定制版，但要先交一部分定金，于是我便交了这部分定金，愉快地走出了店门，准备去电影院看电影。

电影并不似预告片那般好看，至少不是我和朋友的菜。我说走吧，朋友说，来都来了，你现在看了十分钟就走，不是浪费了两张电影票吗？

我有些无奈，和朋友硬撑了90分钟。电影终于结束了，我们丝毫没有看完大片后的畅快淋漓，带着沮丧的心情回家。“哎，真是浪费了两个小时。”朋友说道。

“还不是你要看的，听我的，早点出来就好了嘛！”我有些埋怨她的坚持。

看天色还早，我们继续在商业街上逛了逛。女人可能天生就有购物病，我又看上了一件衣服，比预定的那件还要喜欢，可是价格不菲，心里舍不得，于是便作罢。

“买吧，买吧，这件真的适合你！”朋友在一旁怂恿我。

“可是，我刚刚不是已经定过一件了嘛？买两件太费钱了！”我有些犹豫。

“那你就买这件啊，那件就不要了，那不就是200块押金嘛！”朋友对我说。

然而，即便是朋友如此极力推荐，我依旧舍不得放弃那200块钱，只好忍痛放弃了眼前这件爱得不能再爱的大衣。

一个月后，预定的衣服到了。收到货后的我，并没有以往收到新衣服后的兴奋，因为心里总有个疙瘩，觉得这件衣服没有那件没买的衣服好。

朋友见我这种情绪，奚落我说：“谁让你不舍得那200块，你看，现在你还不是后悔了？”

我说：“你还不是一样！舍不得两张电影票，浪费了一个半小时！”说着说着，我自己也突然想明白了，这种“舍不得”的心理其实我们都有，我们都舍不得自己已经付出的东西。在经济学上，我们把它叫做“沉没成本”，即过去的决策已经发生了的，而不能由现在或将来的任何决策改变的成本。

很多时候，我们都是这样。沉没成本本身已经沉没，你却为了这个损失不断追加成本。你明明不喜欢这场电影，却因为已经付过款，怎么也要看下去；你明明不喜欢这件衣服，却因为已经预定了，不得不继续付款把它买了下来；你最初撒了一个小谎，却因为害怕谎言被戳穿，不得不继续撒谎，最后弄得自己身心俱疲。

我们总是过于在意损失的东西，而忽略了机会成本，即你放弃这样东西，可以做其他事情的机会，而这些机会往往意味着更多获得。也许，你不看这场电影，却邂逅一场精彩的街头艺人表演；也许舍弃了这200块钱，能够换得一件称心如意的衣服……

说白了，这就是一种向前看和向后看的心态。乐观主义者会盯着未来，即他们眼中多看到的是机会成本，而消极主义者则是抱着过去，看到的都是已经发生了的那些事。不用多说，哪种心态能够更好地拥抱未来，我们心里都很清楚。

你只需负责努力，剩下的交给时间

很喜欢台湾的文案教母李欣频，至今为止，她一直是我人生前进的坐标。

最初知道李欣频的时候，是因为一篇写她如何利用诗歌般的文字将诚品书店打造成为台北市文化地标的文章。我想任何一个喜爱文字的姑娘，都会期待自己也能亲手打造一家这样的书店，我被这个充满创意的女性深深吸引。

李欣频1970年出生在中国台湾，毕业于台湾国立政治大学广告系，后来又在北京大学广告学系攻读博士，并担任北京大学新闻与传播学院客座讲师。如今的李欣频被誉为华语世界的“文案天后”，至今出版了27本畅销书，且多数都常年位列畅销书排行榜前列。

我读过她几乎所有的书。在书中，我发现了她保持旺盛创作力的原因：她常年保持每天读一本书，看一部电影的习惯。她说，每天看一本书，一年就能与别人有36本书的差距。一个已经颇具知名度的大咖，居然在四十多岁的年纪依旧保持这样向上的精神追求，也难怪她能够人到中年时，脑中依旧还能涌现这么多的创意文字。

当然，对自己有更高要求的人很多，会给自己制定计划的人也有很多，但难就难在不少人在行走的过程中，慢慢失去了耐心，放弃了坚持。

我有一个朋友，她给自己起了个英文名叫Lucky，她说这样的名字叫多了，就自然会给她带来好运气。Lucky是一个很积极向上的女孩子。毕业两年的她依然保持着在大学时每天晨跑的习惯，她说她要成为更好的自己。

Lucky的本科不是名校，学的也不是新闻专业，但她一直想成为一名新闻人，毕业后去了一家小媒体做编辑。虽然工资不高，平台不大，但Lucky依然对未来充满希望，她说，好在她还从事着自己喜欢的行业，她说，现在的我是很弱，但是没关系，总有一天我会变强的。

对工作不满意的Lucky意识到一定是自己能力还有所欠缺，为了让自己一直都有进步，她在大学附近租了房子，没事就去学校里面旁听蹭课。为了拓展自己的视野，她制订了一年必须去两个地方的旅行计划。为了让自己的文笔变得更加通顺，她保持着坚持每天记日记的习惯。

可是，最近她却对自己所有的付出有了些质疑，她说："我不知道我这么努力到底是为了什么，感觉都是自己在瞎忙，人家有关系的、背景硬的，早就升职加薪了，只有我还在原地徘徊。"

这些话从Lucky口中听到，实在有些令人意外。一直以来，在我心中，Lucky都是那种积极向上的女孩，我也一直以有这样一个朋友而感到骄傲，因为在这个年代，有如此旺盛的进取心的人实在太少了。

为了给Lucky打气，让Lucky坚持下去，我跟她说起了我们这个圈子里的一位经历非常励志的老师，他就是《都市时报》的社长周智琛——全国最年轻的报社社长。

其实，去查阅周智琛的简历，你会发现，他的起点并非特别高：2003年7月，23岁的周智琛毕业于华侨大学中文系，毕业之后，通过招聘考试，进入南方报业传媒集团；2006年3月，出任东莞日报社执行总编辑；28岁创办《东莞时报》；2011年8月，到云南《都市时报》出任社长、总编辑，这一年他31岁。

在云南媒体圈里，周老师的口碑特别好，反正到目前为止，我也没听到有人说他什么坏话，反而是都在口口相传，他有多么努力：

据说，周智琛平时除了睡觉几个小时，其余的时间都是工作。

据说，在周智琛的办公室里，你会淘到很多好书，因为他特别喜欢看书，也喜欢收藏书。

据说，他晚上很少回家，一般都是睡在办公室里，所以有的时候同事见到的都是有些不修篇幅的周智琛。

据说，为了更充分地利用时间工作，周智琛总是把时间算得很满，就连坐飞机都要等到飞机快起飞了才到达机场。

……

一个人每日每夜都按照一个标准要求自己，从不给自己松懈的机会，难怪他能够在三十出头，就获得如此的荣誉和地位。

周智琛没有名校光环，也没有任何身家背景，就是靠着夜以继日的重复坚持，才取得了今天的成就。你说，他会在看某本书的时候，想到这本书对他未来的哪篇稿子有用吗？你说，他会在努力工作之时，就料到他会成为最年轻的报社社长吗？

很显然，不会，但他做的每一件事都的确是在储蓄能量。

很多时候，就是这样，也许，坚持读书的你，读着读着在某一天就开悟了；也许，喜欢旅行的你，走着走着就有人请你写旅游专栏了；也许，坚持写作的你，写着写着就变成知名大咖了……

你要相信，只要努力就好，剩下的时间自会给你答案。

Part 3

谁都逃不掉的职场第一课

只有当你具备旗帜鲜明的人格魅力时，只有当你的工作具备人性温度时，只有当你的思维逻辑与众不同时，你才可能抵御得住这个日新月异的社会带来的残酷淘汰。

跳槽，你真的准备好了吗？

如果是，那么，我祝你有个锦绣前程。

总结2015年朋友圈的关键词，肯定少不了“辞职”二字，甚至有不少朋友选择了裸辞。大家竞赛似的在朋友圈发表各自的离职感言和理想陈诉。

问问原因，各位选择离职无非有以下几种说辞：“我不想再继续在这个小圈子里混了！”“小池塘哪能装下大鲸鱼？”“领导脾气差，根本没法儿沟通！”“克强总理号召我们去创业！”……

总之，就是一句话——“那工作不适合我！”

那么，你真的知道什么才是适合你的职位吗？你所期待的职位真的能让你获得事业上的成功吗？

我有一个同学L，电台主持人。毕业那年，她很幸运地进入了广电集团，实现了自己主持情感节目的主持梦。然而，在2007年，单位突如其来的一个决定，将L打入了冷宫——由于频道重新定位，节目全部改版，L主持的这档节目不再适合播出，她被调去做了一名节目编辑。

这是让L怎么也没有办法接受的，于她而言，这就是变相“下岗”了。为了实现自己的梦想，L很快便辞职来到了外省某电台，主持一档和以往风格类似的情感节目。

异地寻梦的路并不顺畅，语言障碍、工作环境无法适应都让L感到心力交瘁。很快，她便又折了回来，在家乡做了一名教师。L是一个心思很纯净的女孩儿，眼里容不得任何杂质，可偏偏她进入的这所学校却是一所管理糟糕的民办学校——办学资源匮乏，学生素质也不高，学生打架斗殴更是家常便饭。这是L无法容忍的，她决定要对这帮熊孩子严加管教。

半年的时间很快就过去了，可是L的“改革学校教育现状”的蓝图却没有丝毫进展。一方面，L性格柔弱，“hold”不住学生；另一方面，由于学校是民办的普通小学，资源匮乏，其他同事都是在混日子，得过且过，也不愿配合L。现实再一次让L感到无助，她选择了再次肄业。辗转多次后，L最终还是回到了原广电单位工作。

L每次辞职的原因，说出了大多数年轻人的裸辞心思——对工作环境、职业发展不满意。然而，L最终的选择，也正是给很多年轻人上了一课——择业之前，先问问自己，你的选择真的是对的吗？什么才是合适你的好工作？眼下，很多人都盲目追求所谓的“好工作”，但这份“好工作”，于你而言是不是真的好呢？

我有个弟弟，毕业两年做了五份工作。从最开始的房地产销售，到保险客户经理，到课程顾问，再到前不久的数码培训师。

弟弟拥有年轻人的热血沸腾之气，我依旧记得他每一次告诉家人要跳槽时都是一副神采奕奕的样子，好像他发现了什么大金矿，好像只要他跳了槽，就可以从此走向人生巅峰，迎娶白富美，当上CEO。

但是，他每一份工作都没有坚持超过3个月。理由也无非多是：“被HR骗了，这家公司其实就是个皮包公司。”“我又发现了新大陆！”“这个工作做得没激情，工资也不高，还累得跟狗一样！”

直到最近，他终于有些气馁了。因为他刚裸辞，找下家工作时，人家HR对他说：“你跳槽太频繁了，一般有两年工作经验的人，总会在某一个方面特别擅长，而我却看不出你在哪方面有特长，也没有看到你的工作业绩。”

很显然，弟弟的问题就在于，每次跳槽都是意气用事，没有经过深思熟虑。说白了，他对自己没有一个清晰的认识，他并不知道自己适合做什么，也没有对新行业有个全面的了解和分析。他总是自负地以为，只要跳个槽、换个领域就能够从此改变命运，迎来人生的巅峰。

俗话说得好，术业有专攻，隔行如隔山。转行的风险往往是很大的，因为它意味着要放弃过去的所有努力，重新开始，所以也有人说转行是更高难度的跳槽。

当然，会有人说，不多些尝试，怎么会知道自己更适合什么？选择稳定就放弃了未来的种种可能。

你当然可以转行，只是你转行后，你的工作可能更不适合你，你的薪水将会更低，你的晋升也不是你说了算，你的工作积累得从零开始。这些，你都做好心理准备了吗？

如果是，那么，我祝你有个锦绣前程。

听说，你想创业？

在豆瓣小组上看到一个90后创业小伙子招募合伙人的帖子。帖子写得很不错，大致意思是要做个在线学习的网站，一方面通过网络整合资源，提供一对一的线上教学服务，让学生和老师在一个相对开放的平台上自由连接，学生、老师都能受益；另一方面，提供每个大学的公开课视频，供网友学习，同时，同城的学生也可以在此互换课表，相互蹭课。

想法不错，坦白说，我很感兴趣。加上我一直也有投资个项目的想法，便加了小伙子的QQ，和他聊了起来。

我问他，你要如何推广你的项目？如何融资？有没有详细的计划？项目策划书写好了没？

他支支吾吾，顾左右而言其他，全然没有任何计划，唯一他提供给我的准确信息是：他打算参加一个创业比赛，通过比赛来推广项目获得融资。

我问他，准备去哪儿参加？他说，这样的比赛很多的……很显然，他也没有个明确的目标。我说，每个比赛侧重点不同，还是要有目标地去准备，他说好啊，我们见一面吧！

我一直等着他来约我，很可惜，直到我决定放弃和他合作，都没有见到他。后来，我偶尔在QQ上看到他头像的时候，会点开他的空间，看看他进度如何，发现他还是停留在不断寻找项目合伙人的进度中，只不过项目换了一个又一个，而曾经的那个在线学习的项目，据他说，没有再做了。

也许是我的偏见，我私下认为这些新项目，他做成的概率依旧不高。因为他总是想得太多，而行动太少。

我记得曾经采访过一个创业大咖，企业做得很不错，我就问他，你这些点子都是哪儿来的呀？他说，在这个社会上，最缺的并非想法，而是执行力。

的确，现在大家都说是乔布斯开启了智能手机时代，可真的是这样吗？如果说智能手机等于触摸屏，那它的鼻祖应该是摩托罗拉；如果说智能手机指的是可以自主下载软件，那我记得最早提供这项服务的应该是现在已经不存在的曾经的通讯业巨头——诺基亚。

但如今，摩托罗拉和诺基亚都成为了历史，人们津津乐道的商业案例最后只留下了苹果，“智能手机教父”的光环最后落到了乔布斯的身上。有人说乔布斯是抄袭者，这个人私德不好，但我却认为正是因为乔布斯用他完美主义的要求，将这些创新理念做到了极致，才使得苹果最终有了今天的成绩。这就是执行的力量！

很多时候就是这样，相比于一个聪明的脑袋，一双踏实的脚和一双勤劳的手恐怕更为重要。

身边总会听到不少朋友说自己想要开一家咖啡厅，为什么大家对咖啡厅这么感兴趣呢？后来想想，原因无非是，这个行业入门简单，无需太多花费和成本；工作自由，不仅有时间享受生活还能同时结交到不少朋友。当然，这份工作也美美哒，满足了文青们的生活幻想：岁月静好，春暖花开！

可是即便是这样简单的工作，最后能执行下来的也不多。有些人是经不住回本慢的经济压力，有些人是无法忍受凡事都得亲力亲为的劳心劳力，还有些人压根只是停留在想想而已，从未真正踏出一步，哪怕是学学如何调一杯花式咖啡。

你总以为自己创业就能实现财务自由，你总以为只要创业就能拥有不受约束的生活。对不起，你真的想多了。你看到的那些成功人士的成功故事，远不像媒体报道中说得那么传奇、那么简单。暂且不说这些大咖本身就能力超群，单从媒体报道的角度，写作者也常常为了使文章生动可看，把创业家们的生活描述得如诗如画，既有情怀又有理想，而略过了创业中的枯燥和艰辛。

事实上，据公开资料，不完全统计，80%的创业者都以失败告终。你要创业，你做好了血本无归的准备吗？你有足够的资金支持你在颗粒无收的情况下依旧养活自己吗？

我采访过非常多的优秀企业家和创业领袖，我可以十分负责地告诉你，他们既没有时间睡懒觉，也没有时间享受阳光和雨露，常常我约他们采访时，都要等到深夜。创业的你将不仅失去带薪年假，更不会有双休。这些你都准备好了吗？

也许你会说，我家尚算小康，父母愿意在资金上给予我帮助，我也愿意为自己打工，那么，你又是否想好了具体做什么生意？出来混，总得有个一技之长，在技术、客源等领域，你有哪方面的优势可以让你在这个竞争激烈的商业市场中存活下来？如果没有，对不起，你不仅不适合创业，也许你还应该写封感谢信给你的老板，谢谢他还能雇佣这样的你，赏你口饭吃。

你想过上优越的生活，你想心灵自由、财务自由，你想拥有一份自己的事业，并非不对。我甚至支持任何有梦想的人去逐梦，我也一直相信只要坚持就会有收获，我只是希望你能做好充分的准备，增加你成功的筹码。

你要创业，第一步不是辞职，而是积累让你安身立命的一技之长，创业计划书不是创业时才有的，是创业前就该有了。

你说，你现在工作忙，没空想，没空写，你以为你辞了职就会有空吗？不要找借口，你之所以没做，就是因为懒。你要记住，在辞职之前没空做的事，你辞职之后多半也不会做。

我依然记得一位80后创业者对我说过的一句经验之谈："创业是需要反复摸索、实验、试错后杀出的一条血路，为免自己创业时摔得遍体鳞伤，请一定记住，在有工作保障的时候就开始为创业做内测。"

与你，共勉。

自由职业不自由

听说我成了自由职业者之后，有不少人问我心情如何，怎样才能成为自由职业者。于是，便有了这篇算是真心话，却也可能没什么用的肺腑之言。

很多人都想成为自由职业者。但你要知道，自由职业归根到底它还是一门职业，你首先要有安身立命的技能，才能让你成为自由职业者。

自由职业有哪几种呢？

我想说说我做自由职业的这几个月。辞职后的一段时间，我没有再上班了，而是在家里接稿子，写稿子。好处呢，很显而易见，我不用打卡，不用在高峰期挤公交，也不用看领导的脸色行事，而且我的付出是与收获成正比的，我越努力收入就越高。（当然，全职工作可能不需要怎么努力，工资也能达到和我现在很努力很努力一样高。）

但心里的安全感却不如上班时稳定，首先，现在是有编辑给我约稿，如果有一天他们不需要我的稿子了呢？在这个人人都可以写稿的年代，我的稿子又值多少钱？这让我感到担忧。

其次，基于未来收入的不确定，趁现在还有人向我约稿的时间里，我要不停地写稿，每天一两万字总是要有的。事实上，真正的专业级写手，比我写得还要多得多。

最后，各种稿子，我是来者不拒地写。以前我总是会凭借自己的心情写稿，凭我和编辑的熟悉程度写稿，凭稿件的主题是否和我心意写稿，现在真的是只要给钱，我就写了。

有人说，你这还是自由啊，我也想这样过这样的生活。那么，你想好了从事哪一种自由职业吗？

自媒体人罗振宇总是在他的节目中说，在这个时代要像U盘一样生存，这样在任何一台电脑上都可以进行操作。

那么，你的U盘容量又有多大呢？实际上，我并不是在辞职后才开始写稿的，相反我是已经写了很多年的稿子，积累了很多的编辑资源，能够确定我可以靠写稿养活自己后，才提出辞职的。而我的这些编辑资源，也不是老天爷突然间砸给我的礼物，而是靠着我常年提前交稿、较少的错别字才累积下来的。

而这些你都已经拥有了吗？如果还没有，你又向往这样的生活，那么就得从现在开始努力了。首先，你要明白，就算是自由职业，也不是你一个人在奋斗，你需要有资源、有人脉、有平台。比如，你要开个淘宝店，你首先要明白你要卖什么，从哪里进货可以进到性价比较高的货物，你的顾客有哪些，你通过哪些渠道去宣传自己的店铺……

其次，你要对未来的生活有个预判。不管是固定职业还是自由职业，那都是一份职业，既然是职业就会有作息时间，你并不是完全的自由。如果你是一个生活毫无规律，周末要睡到大中午的人，那么，想必你做起你的自由职业，也是三天打鱼两天晒网。你千万别认为自由职业有多轻松，事实上，我周边专职做淘宝的姑娘没有一个能够睡上安稳觉的，而我做自由撰稿人时，哪怕我在外地旅游，只要编辑一个电话让我修改稿子，我都需要立马掏出笔记本就地修改。

问问自己为什么而选择自由职业，是工作遇见了瓶颈，有什么坎过不去吗？如果是这样，尽量还是让自己跨过了这个坎再考虑是否要选择自由职业吧。因为自由职业的不确定因素太多了，你工作时都无法解决的问题，想靠着自由职业就一步到位，几乎是白日做梦。

对了，你还得做好不断被身边的七大姑八大姨质疑的准备。至少在我做自由职业的几个月里，我父母不止一次地劝我赶紧找个正经工作干了（事实上，我也已经妥协了）。

总之，将从事自由职业的你一定要明白：有时间不代表有自由，工作很忙也不代表没有自由，无论什么时候，找到自己，才会自由。

找你的领导好好聊聊

说实话，我真的很幸运。

毕业后的第一份工作就受到了重用。后来想想，大概是给领导的第一印象比较好的缘故吧。

每当有新人来频率（我的第一份工作在广播）时，总监总会再单独会谈一番，主要是为了了解你的所长，好在日后给你安排合适的岗位。

总监与我聊天时，还问了我对于部门节目的看法。我对答如流，总监露出一副既满意又惊讶的表情说："嗯，不错！很多人待了很长的时间，也不见得有你看得透。"

听到领导的肯定，我故作镇静，心里却乐开了花。一方面，我得意于自己的回答精彩令领导刮目相看；另一方面，我心里有种侥幸的窃喜，就像一个成绩不怎样的同学，由于考前押中了题而考出了好成绩一样。

我的回答也是因为有人提前给我做了功课！这个人就是我们频率的副总监。总监和副总监都是北广（现中国传媒大学——传媒界的黄埔军校）的老毕业生了，专业技能和知识储备都是没话说的，但两个人为人处事的风格却迥然不同：总监较为内敛，平时话不多，偶尔还有些严肃；而副总监虽然只比总监略小一两岁，但性格却外向更多，只要你不拒绝，他可以从古至今、天南地北和你聊上一个下午。

有人说副总监简直就是一本活字典，你问他的问题，他几乎无所不知，然后还能发散思维和你说起来龙去脉，以及不相关又相关的各种东西。他总是精力旺盛，可以工作到两三点，第二天五六点又起来工作，他说，他只要睡两三个小时就可以恢复了。

副总监的侃功在一些老员工那里，有的时候，并不受欢迎。尤其是在工作很忙碌时，有的人可能还会故意避开副总，以免被聊时间太长。

但我却特别喜欢和副总监聊天。因为在他身上总能听到不少我不知道的东西。就说我刚入职那会儿，由于我是半路出家，既非新闻科班生，更从未做过广播，虽然也听了频率的节目，但肯定也只能听个大概，听不出什么名堂。

入职后，副总监看我坐在办公室闲着，便我把叫去办公室里上“培训课”。起初，大概是想告诉我出去采访要注意些什么，写时政稿时，领导要怎么排序；可是，副总监的习惯是一旦打开话卡，便很难收住，于是他越聊越带劲，接着又拿出了频率的节目单，和我聊起了节目：这个节目是哪个主持人做的，这个主持人有什么风格，这档节目取得了什么成绩，还有哪些不足……事无巨细，一一道来。

你可以想象，一个在台里工作快30年的老前辈对节目的理解和把控会有多么到位，以至于后来，总监问我对台里节目看法时，我能够对答如流。

这就是前辈的力量！

起初，我一直以为总监会比较严肃，但在我们彼此熟悉后，他却告诉我，其实他也曾经好为人师，很愿意指出年轻人身上的问题，但很多人总是不以为然，也不放在心上，他说着说着便觉得是自讨没趣，不再说了。

总监说得情真意切，可以感受得到他的无奈与真心。

事实上，优秀的人都有一个品质，叫做“好为人师”，他们愿意帮助年轻人成长，他们也很希望将自己的人生经历分享给一些人。正如，有人这样说过：衡量一个人一生的成功，在不同的岁数是不一样的，二十岁有人带你这叫成功，三十岁有人用你这叫成功，四十岁开始有溢价这叫成功，五十岁桃李满天下这叫成功，六十岁做到可爱就算成功。所以，你会发现，刚刚走出大学校门的二十几岁的年轻人和身居高位的四五十岁、有成就的人是最好合谋的，二十岁需要有人带，五十岁则需要有后辈承接他的衣钵，他们也希望能够帮助到年轻人的成长。

和领导聊天确实在有意无意间给了我太多次的机会。我曾经负责过我们台的一档重点新闻脱口秀类节目的撰稿，而这个机会也是和领导聊出来的。

当时不记得是因为什么缘由，我被叫去总监办公室谈话，谈着谈着，我便无意聊到了我对当前节目的一些看法。我说，我很喜欢听新闻脱口秀类的节目，自己偶尔也会写着玩，事实上很多人都很喜欢，如果我们台能有这样一档轻松的新闻节目，应该会很有市场。

这段聊天只是当时谈话的一个插曲，当时台里并没有一个空档时期来做这档节目，所以话说过后，我也没再放到心上。可没想到两个月后的一天，总监突然把我叫到办公室说："准备一档这样的脱口秀的策划书吧，就交给你来做了！"

这档脱口秀后来被当作我们频率的重点节目播出，主持人也是当地的一个大咖，台里给予了很多的支持。而我作为一个刚入职不久的新人，能有这样一个机会和平台承担起这样的节目，不得不说，这也得益于当时的聊天！

直到我离职后的今天，我依然和曾经带过我的领导保持着良好的亦师亦友的关系。

当然，有人也会问，如果你们聊天时，聊得不愉快怎么办？你说得不够好怎么办？其实，那也真的无所谓，反正领导也很忙，他哪有功夫去记得你说错了哪句话，过一个月连你们哪天聊过恐怕都忘了。

所以，没事就去找你的领导聊聊吧，这不是拍马屁，是为了让你更快地成长！

学历会影响你多久？

在豆瓣上看到了一则征婚启事，某男生写着：本人男，某某大学硕博，年薪50万，寻一女共筑小家，最好是211类学校毕业。

天啊！如今，没有一个好大学，不仅影响着找工作，连找对象都受到了歧视。突然想起了中学老师的那句话："现在你不努力，就考不上好大学；考不上好大学，就找不到好工作；没有好工作，搞不好连老婆也讨不到！"

没想到老师这句恐吓我们的玩笑话，竟然成真！

从小到大，我们都接受着一考定终身的教育。所以，每年高考后，要么看到的是考取了梦寐以求学府的学生脸上露出的洋洋得意之情，好像他们的未来自此一片大好，锦绣前程就在眼前；要么看到的则是未考取理想大学的学生脸上的壮志未酬之意，他们似乎从那一刻就已经决定了今后大学四年就是奔着研究生去的。

以学历取人，从组织经济学的角度来看，是一种必然的现象，毕竟任何用人单位在了解你之前，你的学历就代表着你的一切，但这也让很多学生因此和很多企业、很多岗位擦肩而过。

但是，输了学历的你，绝不代表就输了整个人生！

学历影响的只能是那些急功近利想要找到好工作的人，他们总是想着一步到位。经常听到有人抱怨：我大学没考好，也没有选择读研，就直接工作了，这份工作简直糟糕透了，既不是我看得上的企业，工作环境也极为糟糕，每天都是在一些人言是非中度过，大家都没想好好工作，而把精力都花在了闲言碎语上。我感觉我这辈子已经完了！可能我这一辈子就只能这么碌碌无为，大概我永远也无法实现人生理想，我的那些抱负只能等来生再见了！

一副壮志未酬之意！一副怀才不遇之情！更不巧的是，常常有这些抱怨的人最后还真的活成了他们口中抱怨的样子。这就是我们常说的，你认为你是什么样的人，你最后就真的活成了这个样子！

说白了，这些人的问题就在于，太把当前的工作当作一生的工作来做了，你总认为你现在干的事情，就是你一辈子要干的事情，你现在的岗位，就是你一辈子的岗位，你现在的处境就是你一辈子的处境！

其实，很少有人会将一份工作干一辈子，也很少有人能够一步到位，即便是已经考取了名校、获得了理想专业的学生，他们可能在找工作时，遇到的阻力会小一些，但并不代表他们就会在毕业就直接完成自己的人生目标。

如果你有目标，就为你的目标做一个计划，然后按照这个计划一步一步做做看，你会发现只要你做，未来就是一片光明。

比如，你说你喜欢文字，喜欢写作，希望能够靠着写作养活自己，那就多读文章多写稿啊，可是你往往是投稿被拒绝了两次，文章被批评了几回，马上又觉得自己不适合干这行，立刻放弃了，那么，你就真的变成了“不适合”。你要知道，即便你也许很有天赋，很有潜力，但是也需要时间慢慢显现出来。

你总是希望任何劳动都能够立竿见影，你总是希望每一次付出都能看到回报，天底下哪有这么容易的事，如果很多事情这么容易就实现了，那么你就算做成了又有多少快乐呢？就好像大家都会做西红柿炒蛋，你会做又怎样呢，你能够做出一道红烧鲤鱼兴许才会让你自己感觉到自己的价值！

几年前，我去美容院按摩时，认识了一个姑娘，她是那家店的美容师。姑娘年纪和我相仿，我便和她攀谈起来。她告诉我，她不太会读书，但很爱漂亮，对美容很感兴趣，希望未来能够自己开一家美容院。为了实现自己的目标，她给自己定了个计划；先找一家美容院打工，成为一名美容师，等自己手法熟练了，再申请成为店长，试着管理一家美容院，同时也可以积累客户人脉，等到时机成熟了，资金、经验、人脉都到位了，她就可以自己开一家美容院了。

原以为她只是说说而已，没想到最近接到了她的电话：“姐，还记得我吗，我是××美容院的，你以前来我们这边包过卡，现在我自己出来单干了，你有空来体验下嘛，不收钱，要是好的话，来包卡，我给你另外再优惠8折。”

几年过去了，没想到这小妹居然真的实现了自己曾经的梦想！我相信小妹的梦想和计划是很多美容师刚入行时都有过的想法，然而能做到的人，却寥寥无几。人总是很容易就会在日复一日中失去目标，也很容易在奋斗中被挫折打败。可是，很多时候，只要你咬住牙，坚持去做，前方的道路就会越来越清晰，梦想之门也会越来越近。

说回来，一份学历会影响你多久。作为一个过来人，我可以很负责任地告诉你，在你刚工作的时候会带给你很大的阻力，但在你工作两年后，它将变得没那么重要，因为这个时候，HR审阅你简历时首先看的是你的上一份工作，在面试你时，能问的是你在工作时都做过哪些事，你在学校里的那些，他根本不care。

如果你也有选择困难症

大学应届毕业生问得最多的几个问题大概就是：你觉得我是先考研还是先工作？你觉得大城市好还是回家好？我喜欢的工作没钱途，有钱途的工作我不喜欢，该如何选择？

我也一样问过旁人这些问题。后来想想，其实很多时候，我们并不是真的不知道该怎么选择，只是怕自己选择的那条路并没有想象中的那么好，怕自己一旦选错了便再也没了回头路。说白了，我们是害怕那些不确定的未来，我们不敢为心里喜欢的那件事冒风险。

A君是我的一个校友，毕业后家里托关系给找了一份不错的工作。工作收入高，专业对口，看起来一切都很如意，但A君偏偏很不满意。入职后，没多久就一直嚷嚷着要辞职。

起初，只是觉得他身在福中不知福，现在就业情况如此严峻，他却抱着个香饽饽，全然不知。后来跟他细聊之下才知道，原来他并不是那么没心没肺，他也知道这份工作挺好，要好好珍惜，可是就是放不下心里的那个小梦想——他总觉得自己未来会是个作家，他要从事文字类的工作，这样有利于他完成梦想。

工作期间，A君不断关注一些杂志社的招聘信息，直到最近收到了一家杂志的offer。“这是我梦寐以求的工作！不过，他们说需要先实习，能不能留不好说，实习期间没有工资，正式聘用后工资也比我现在低很多，目前，我的薪水还是很不错的。我也不确定我到了杂志社是不是真的能够实现我的梦想，如果到时候我后悔了，再想找到和我现在薪资一样的工作就很难了！我到底该怎么选啊！”

A君感到迷茫，两条路现在就摆在眼前，但他却站在十字路口不知道该怎么选。而我倒觉得A君潜意识里面其实已经做出了选择：他多次提到了现在的薪水，可见他很在意工资问题，只是嘴上没有明说罢了。

我劝他，还是别辞了。当然，他始终也没有真的辞职，用他的话说：没有勇气。

A君当然会没有勇气！正如他所说：即便是放弃了高薪工作而选择了杂志社的工作，也未必能实现自己的作家梦！你说你喜欢写作，记个日记、写个作文就算是作家吗？你到底擅长哪种文体，是纪实小说，还是抒情散文，是古风诗歌，还是言情戏剧？你有为此看过具体的书目吗？你空口就说自己文字功底不错，到底是哪里来的自信？说白了，你只是爱好写作，喜欢阅读，而对于文字工作而言，却不一定真的适合。这样一个毫无竞争力的你，当然不会冒然选择辞职逐梦，因为你辞职逐梦的风险太大了，任何一个人也不敢如此孤注一掷！

有人会问：那A的梦想怎么办？

每一个人，总会有需要取舍的时候，我们都需要替自己找到一个最舒适的平衡点。

我有一个同行姐姐，大学时期在学校做校园电台主播，那个时候她就希望未来可以成为一名真正的电台主播。然而，由于她没有接受过专业培训，普通话也并不标准，很显然，她始终没有被一家电台以新闻主播的身份录取。

后来，学中文专业出身的她，做过很多工作。从财经网站编辑到新闻网站编辑，到报社记者，最后她去了电台，做电台记者。因为在电台工作，即便不是主播岗位，她慢慢也多了和专业播音员的接触机会，普通话也在逐步纠正。工作之余，她也在网络上自己开了一档电台节目，每周要求自己做一期新闻脱口秀。

如今，这位姐姐依然是靠着自己的文字养活自己，但与此同时也没有离爱好太远，这大概就是在“我擅长”和“我喜欢”之间最舒适的那个位置。也或许有一天，姐姐在这样的环境中，终于会练就一口标准的普通话，实现主播的理想。

谁都能干的工作，为什么面试这么难？

在山东济南的小旅馆，我认识了一名来济南求职的花花。

花花今年研究生毕业，金融学专业，想进一家证券公司工作，但让花花没想到的是，明明已经通过招聘考试的她，并没有顺利签下合同，HR告诉她，“你还需要有3个月的实习期，通过实习考核，你才能留下。”

于是，花花在小旅馆常住下了。

我问花花：“像你们学金融的，是不是特别高大上，你都做哪些工作呀？”

“岗位是客户经理。”

“客户经理都需要做哪些事情？”

“其实就是拉客户，跟金融八竿子打不着。”花花有些悻悻地说。

“那你为什么还要在这里干？”

“金融毕业，不进证券公司、银行、保险这些机构，还能干啥？但这些机构不都是从客户经理做起的吗？”

我和花花讨论正欢的时候，上铺的丽丽也插了进来。

“拉客户，这种活，来我们这边干上几个月，都能做得很好，你一个研究生为啥要到这里浪费时间，还没有工资！”丽丽没有念大学，今年30岁，自己在枣庄做物流生意。现在想学习跳舞，因此来到济南小住。

“这份工作是大家都能做，但想要进咱们公司，就必须是研究生毕业。”花花说。

花花和丽丽的讨论点其实不在一个层面上。花花其实看重的不是“客户经理”这个职位，而是这家证券公司，而丽丽则认为，“客户经理”没啥含金量，用不着这样大费周折地应聘。

为什么一家优秀的企业即使招聘一个难度不大的工作岗位也要设置如此门槛，通过层层选拔来招聘员工，这是哗众取宠、大材小用吗？

我倒认为，这样做自有它的道理。首先，我们很清楚，同样是一名客户经理，为什么在薪资待遇相同的情况下，一家大型企业的客务经理的稳定性远远高于一家普通小企业？原因很简单，大型企业的员工有归属感。

这个认同感和归属感是如何建立的？其实，招聘时的难度就很大程度上促成了这种归属感。越是费尽艰难得到的东西，才会越珍惜。

记得高中时，班主任对我们说：“要成为一名好学生，首先得从端正你的行为开始。哪怕你再怎么看不进书，听不进课，只要你还想上进，你就装出一副认真的样子。”

当时并不能理解老师为何这样教我们，可是随着时间的增长，我也就越是明白了其中的奥秘。人们的态度是和行为一致的，你的行为会潜移默化改变你的态度。同时，你付出的越多，你的态度也自然会越认真，因为认识希望行为和态度一致的。

这也是为什么一份谁都能做的工作，却要设置层层关卡来招人，因为你为得到这份工作付出得越多，你后期工作时，为了保持和行为一致，你的态度也会越好，这也就是为什么军人打仗和走正步没有太多关系，但军人却要成天练正步的原因。

其实企业招聘的机制，也可以应用于我们的日常，来督促我们来坚持某项计划。比如，你想要学习摄影，但是又怕自己三天打鱼两天晒网，那不妨给自己买一个超级贵的单反，因为你的投资成本越多，你为了不浪费自己已经付出的成本，后期也就会追加更多的时间成本，也许这样倒能成就你的摄影技术。

记住，改变一个人的行为，可以改变一个人的态度。

职场陷阱，毕业第一课

在好不容易从老板口袋里拿到工资的那一刻，曹佳的心里五味杂陈，血淋淋的现实深深地伤害了她的自尊，“任何一个正常人看到那个数目都会觉得心寒，自己似乎就值那个价。”曹佳说，“我一直是身兼数职不说，还要应酬当公关，去拉广告，常常加班到晚上零点。承诺很美好，理想很丰满，现实却那么残酷。”

曹佳是我的一位同行，2013年，毕业于国内某知名高校。大四下学期，她通过微博了解到了一份看似不错的工作，关键词是“旅游记者”“云南某知名报业集团”“不打卡无坐班”“经常外出旅游”“可以解决编制”。

这样美好的工作，对于曹佳这样的应届毕业生来说，实在太具诱惑力了。她想也没想便投递了简历，并在不久后得到了对方的回应，“望尽快就职”。抱着对新工作的憧憬和希望，曹佳很快便来到了距离学校900公里外的昆明。

“骗子！”这是曹佳入职后的第一反应，“这家杂志根本就是被外面的一家公司承包运营的，什么到处出差做选题，他们根本没钱给你出差，为了完成工作，我只能熬夜上网找素材。”

在曹佳的描述中，当初单位承诺的“无坐班”“不打卡”“旅游即工作”全是美丽的谎言。“别说这些了，就连基本的办公环境都极其简陋，没有办公桌，也没有网络，我常常就是白天在办公室发呆，晚上回去采访写稿。”

一个月后，曹佳在“忍无可忍”之下终于递出了辞呈。然而，辞职远没有想象的那么简单。

“刚开始以为主编会自觉地把工资支付了，结果过了一两个月都没动静，后来我问他工资的事时，他也是一直敷衍。最可恶的是，我约稿作者的稿费，他也没有付。让我怎么跟作者们交代呢？”曹佳不甘心就这样离开，她联系了同一批被招聘进来的几个同事，才知道原来大家都碰到了同样的情况。在同事们长达三个月的联合威逼警告下，他们终于拿到了和最初承诺相比少了一大半的工资。

真是应了那句话，媒体人成天帮着别人维权，最后谁来替他们维权！不过，值得注意的是，事实上，当下应届毕业生和年轻人在求职时，像曹佳这样的案例不在少数，大学生就业市场到处充满着侵权危机、侵权行为。有一项调查显示，在初入职场的青年学生中曾有86%的人遭受过不同程度的权益损害，其中，用工企业不兑现承诺所占比例最高，其后依次为：克扣工资、少算工期。

查阅近年来发生的“年轻人劳动权益受到侵害”的案例，不难看出，其主要原因就在于这部分群体太迫切渴望就职，而忽略了对招聘企业的信用考察。设身处地想想也是，当前就业形势这么严峻，大学毕业生都想着眼下最紧迫的事情就是赶紧找到一份工作，安定下来，所以也就导致了他们求职时的盲目心态。

在青年求职群体中，一旦用人单位有录用自己的意向，特别是知名度或者效益较好的大公司提出能够供以诱人的工作待遇时，无条件地答应企业提出的任何要求，成为这个群体容易出现的通病。即使在后期的工作中，发现了企业的问题，青年就业者也往往会为了促成工作，一味忍让，结果最终使得自己的合法权益受到侵害。为什么曹佳讨薪那么难？她是这样陈述的，“主编说试用期后才签合同，自己刚毕业，想着工作不错，不想因为这点事而和主编闹不愉快。”

在曹佳的陈述中，不难看出，“法律意识淡薄”是造成她权益受到侵害的主要原因。不知道应聘前要去对企业进行全面的了解，不知道试用期也应该签订用人合同，更被所谓“编制”的美丽谎言蒙蔽了双眼！

看别人的故事，总是觉得当事人怎么这么傻，其实想想，这种类似的求职陷阱，难道你我没有遇见过吗？老板强制加班，却不给加班费；正式录用前，先让你免费做几个月的临时工；给你描述美好的未来，比如提供编制、升值加薪，却从未兑现……我们该如何对自己进行保护？说到底还是那老掉牙的几句话：入职前，谨慎谨慎再谨慎；入职后，发现问题赶紧撤；离开前，想尽办法要到钱！

永远不要指望领导一朝变好，永远不要相信每次你跟他聊后，他承诺你的未来，找工作就好比找男票，一日不忠，此生不用！

骑驴找马也是不错的选择

2015年，全国大学毕业生达727万，被称为“史上最难就业季”；没料到2016年，高校毕业生预计将超过770万，再创新高！据悉，未来5年高校毕业生数量还将保持在年均700万左右的高位：看来就业没有最难，只有更难！

实际上，就在大学生频频喊着就业难的时候，企业每年春节过后出现的“用工荒”也是不争的现实。“用工荒”与“就业难”两个相悖的问题并存，近年在人力资源市场上愈演愈烈。据统计，当前，有50%的求职者表示找不到合适的工作；与此同时，45%的企业也认为自己招不到合适的员工。各种迹象表明，就业意愿和就业现实的矛盾日益突出，传统的就业现状已经陷入深渊。

朋友C在一家企业做HR，每年的招工季，也是她最头疼的时候，无论去大学校园摆上多少场招聘，来应聘的人都寥寥无几，即使有人有意向，回头想想后也打电话辞去了。

“现在的人才市场上，月薪1 000元的文职，百名大学生争抢；月薪1 500元的搬运工则未必有人愿意干。现在的大学生是“宁可拿着低薪（低于一般的农民工和普通工人）坐在办公室当白领，也不愿做所谓的工人！”C所在的公司是一家中小型企业，但正处于上升期，每年都能招到不少工程项目，他们不想再招社会上的那些流动的农民工，认为他们教育素质偏低，有些新设备玩不来，还是招一些有文化基础的大中专院校毕业生比较好。

作为过来人的我，当然能够明白大学生们为何不愿意找这样一份工作，即使它可以解决自己的就业问题，即使它还有不错的薪水。——因为如果我干了这份工作，那么我的梦想呢？那么我大学四年的专业呢？

“哎，别埋怨了，你大学毕业会找这样一份工作吗？中国的现状，没有太多技术和高等知识含量的普通工人更受欢迎，这也让许许多多的知识分子感到迷茫和失意呢！”我对C说。

C当然不服气，和我争执起来：“你以为现在大学生还有多值钱，满大街的大学生……”我依稀也想到了当年我们毕业时，遭遇的求职难！一份称心如意的工作岗位，总是有那么多简历比自己牛×十倍的人来和自己竞争！而一些能够入职的岗位自己却犹犹豫豫，总觉得如果选择了这家可以去的公司，就意味着彻底放弃了去自己想去的企业的机会。

但时过境迁，回头想想，当初的恐惧也完全是自己吓自己罢了。毕业时的我们总把自己第一份工作当作了最后一份工作，好像这辈子就非得在这儿干似的。一来过度地在意，反而导致紧张不利于正常发挥；再者，确实是我想多了。事实上，工作了的我，才知道原来我们都是会辞职的，原来人才的流动是这个世界的本质，原来在年轻的时候多做些尝试还更有利于我发现自己的优点，更好地为自己的将来做规划。

有工作就先干着，骑驴找马也是不错的选择！

你的实习期还远远不够

“高学历，难求职”是当下很多“名校高材生”都倍感纠结的烦心事儿。我妹妹就是一个典型！

在别人眼里，妹妹是个十足的幸运儿，大学毕业那年，她几乎没费什么力气便被上海一所名牌大学研究生院的热门的生物科学专业录取。研二那年，她又申请到了英国一所高校的“医药法”硕士研究生资格。妹妹当时认为“医药法”这个学科的研究领域，在国内几乎是一片空白，这个职业将来一定会十分有前景。

然而，就是这样一个“学霸”在研究生毕业后，回国就业时却屡屡碰壁，她那曾经认为会“十分有前景”的医药法专业，由于在国内至今仍旧是个空白，那张看似镀金的简历根本没有办法让她找到专业对口的工作。

不过，学历硬的学霸在找工作时还是会受到不少的青睐。求职期间，妹妹也收到了不少大企业的offer，但她几乎都在工作短短数十天后，就因为“大材小用”而草草辞职。妹妹有一次很委屈地打电话对我说：“第一个礼拜的所有工作，就是替两个同事订了机票和酒店，又翻译了四五份简短的材料。”频繁跳槽后，这位曾经让不少人都羡慕不已的幸运儿最终还是待业在家。

不难看出，我妹妹的职场失意主要在于所谓的“大材小用”，她认为她的教育背景和掌握的技能，可以让她从事一些重要岗位。但是，没有业绩和成功经验的支持，谁敢对她委以重任呢？工作不是考试，两者的游戏规则是大不相同的，职场需要的更多是坚持。妹妹因为短期内，没有得到公司的重用，就草草辞职，把希望寄托在跳槽上，而实际上，不断更换工作，只能让你不断做着新人，不断从头做起，不仅是一种“重复劳动”，甚至还可能是“无用功”。

大学生就业是每年新闻报道的热点，我也因此采访过不少HR。不少企业雇主都表示，如今的职场更趋复杂和全球化，利润率越来越低，公司越来越精简，管理者都希望员工们能够快点上手，不得不花小钱办大事。

那么，倘若“社会经验”是成功就职的重要砝码，那么，大学生在校期间的实习是不是能帮助他们为正式进入职场热身呢？

实习当然是解决“经验不足”的重要方式，但遗憾的是，现在的大学生多数实习都只是为了交一张实习鉴定报告给学校，不是实习时间短得可怜，便是实习态度极其不认真。

我总是认为，你若想在实习期间扎扎实实地学到些东西，第一步便是真正地融入到这个团队当中，而要想融入一个团队，并成为他们当中的重要的一份子，没有个半年的磨合几乎不可能。

换句话说，你没待到一定的时间，大家看你都还是张生面孔，谁敢真的让你做一些举足轻重的工作呢？你实习的时间这么短，连老师的名字都说不全，又有谁会真的教你什么门道？

然而，事实真的是这样吗？虽然实习确实不能保证你能留下来，但实习却是帮助你进入心仪企业的捷径！

我认识一个在一个不怎么样的学校的不怎么样的独立学院（也就是我们常说的“三本”）读本科的女生，如今工作两年的她，在一家外企工作，税后月薪16k，远远超过了同一届的“985”“211”院校毕业生。

那么，她是怎么做到的呢？

按照她的说法，因为高中别人在做模拟题的时候，自认为不算太笨的她都在看杂志，所以原以为能够上一所省城二本学校的她，最后考出来的成绩只是勉强上了一所三本。

高三散场时，年级组的一个平时就好管事儿的大姐大，把整个酒店的一层都给包了下来，组织全年级的同学进行了一场大规模的聚餐。

和姑娘坐在同一桌的人中，没有她熟悉的，唯一认得的便是那个每次都考年纪第一的男生，因为他的照片总是会被登在学校的宣传栏上。当然，男生是不认识姑娘的。

吃饭的时候，大家相互问起各自考取的院校。轮到姑娘发言时，她有些不好意思地说道：“JM大学的CY学院。”

“哦，我还不知道JM这样的学校都能有独立学院！”那个背后似乎都闪着光的男生无意间说道，带着一种不屑的惊讶。

也就是这个时候，姑娘突然意识到：你不努力，你就输了。

整个大学期间，姑娘都特别卖力地学习，寒暑假也没回家，而是到处找企业实习。她总是想，在自己没有一个漂亮学历的情况下，拼学历肯定是拼不过那些名校生的，所以她只能靠有个不错的工作经验增加自己未来在职场上的砝码。

但姑娘怎么也没有想到，她的实习带给她的远不止工作经验，还给了她进入名企的敲门砖。

我们都知道一些国企和外企在招聘时，总是会加上“985”“211”这层门槛，像姑娘这样的学历是连面试的机会都没有的。但这些企业每年都有面向学校提供实习生岗位的机会，而这个岗位门槛并不高。

大三那年，姑娘正好看到了一家名企招聘实习生的通知，想着去见见世面的她，便踊跃报了名。

起初，姑娘并不在培训生行列，只是其中一个入围了的实习生突然有事来不了了，才腾出了一个指标，姑娘因为天天刷该企业的网页又恰好看到了缺额的通知，才主动联系了HR，获得了这个培训生的机会。

做培训生的期间，姑娘比谁来得都早，也比谁都走得晚。一来是真的太珍惜这次来之不易的机会，想好好学习；二来也是跟其他的培训生没办法好好聊天，所以才独来独往，用姑娘的话来说：“这些人很多都是名校生，他们也都看不起我。”

但姑娘的努力，大家都看在眼里；姑娘的工作成绩，也并不比那些名校生差。所以在一轮培训后，HR联系到了姑娘，问她是否愿意继续在这边实习，公司可以提供适当的补贴。

当时，同样收到了邀请的还有一个名校的学生，那个学生当场就问：“是不是毕业了就可以签合同？”

HR说：“不一定，要看到时候有没有招聘的计划。”

这位学生想也没想便拒绝了：“不好意思，我已经大四了，要找工作，没有办法继续实习。”

而姑娘因为太喜欢这家企业的工作氛围，继续留了下来，依旧卖力地完成所有看起来枯燥无味的打杂工作。

最后，姑娘在毕业时，这家企业正好在招人，因为对姑娘人品和工作能力的认可，公司破格签了她。

所以，年轻人，千万别看轻了实习。

努力让自己变得有价值

有一个80后的卫视制片人对我说过一句话：努力让自己变得有价值。

听完后，心里有种澎湃，思考了一下如何才能让自己变得更有价值。

这几年，大家讨论最多的一个问题就是现在社会的结构性失业，这种失业不以主观意志为转移，时代越是发展，科技越是进步，这种失业的危机就越来越大。

以我所在的传媒领域举例，2014年，一则关于美国最大通讯社美联社推出了一套自动撰写新闻的电脑系统的新闻刷遍了我的朋友圈，同行们纷纷感叹，现在媒体行业不好做了，连机器人都来抢饭碗了。

然而，我却觉得用“抢饭碗”来形容这种变化还不够贴切，人家那哪是抢，根本就是赤裸裸地掠夺啊，而且你毫无招架之力。比方说，现在某家上市公司的年度报表出来了，你要撰写相关的稿件，通常而言一个记者一天能写上三篇财经稿子就已经很了不起了，可是，这对于一个机器人而言，却是soeasy，据说，美联社研发的这套软件，光每秒能够写上2 000篇稿子。

再说对数据的处理能力，一般此类稿子多半是将数据进行横纵向比较（横向与同类上市公司比较，纵向和往年数据进行比较），而人类的数据分析速度和准确率和机器相比，更是差了不知道多少个次方。

再比如开车这件事。现在还有不少人忙着考驾照，毕竟这是一门手艺。可是，你有没有想过随着无人驾驶汽车的普及，这门手艺也将变得无足轻重。从某种程度上来说，它将像“骑马”一样，从一种交通技能变成一种个人爱好。

有人说，你这是危言耸听，哪有你说的这么可怕。那么，我给你摆个事实，你就明白了。在2004年的时候，美国搞过一个无人驾驶汽车拉力赛，结果获得第一名的汽车仅仅走了8公里，还用了好几个小时。当时人们就说，看来人类在驾驶这方面的能力是暂时无可替代的。可是，仅仅6年之后，谷歌就在其官网上宣布他们在技术上已经成功实现了无人驾驶。而不久前，百度公司也在2015乌镇互联网大会上，向公众展示其研发的无人驾驶汽车，并声称“三年实现商用化，五年实现量产”。

这样的例子太多了，财经作家吴晓波在2015年4月便做了一期节目，特地讨论了社会上即将消失的工种，其中不乏以往我们认为的高薪、高社会地位的职业，比如律师，比如翻译，比如外语教师……

如何才能在这种岌岌可危的世界中获得自己的一席之地。大概就如这位制片人所言：努力让自己变得更有价值，让这种价值变得无可替代。

美国有个专门研究人工智能的学者叫莫拉维克，他提出了一个人工智能和机器人研究领域有别于传统假设的重要发现，维基百科把它称之为“莫拉维克悖论”。简而言之就是，对于人类显得十分复杂的计算工作，在人工智能那里都不是事儿，但人类觉得特别简单的事儿，比如人脸识别（几个月大的婴儿便会认生），在机器人面前却显得举步维艰。

结合这个理论，继续谈谈如何在互联网大数据时代让自己变得更有价值。还是拿记者这个职业举例子，如果你是一个总是坐在办公室翻翻数据、编编稿子的记者，那么对不起，你的工作能力远远比不上一台高速运转的机器。但是，如果你是一个有血有肉的记者，你的每一份稿子都需要通过和采访对象进行沟通才能得到，那么冷冰冰的机器人永远不可能替代你和采访对象进行愉快地聊天，采访对象眉脚的移动，嘴角的上扬，它也很难知道这代表什么意思。

再比如，采访提纲的准备，一个普通记者，如果只能单线思考，按部就班地根据表面现象而拟出采访提纲，那么这项工作，机器人会做得比你好，因为它能通过大数据的分析，更做到360度无死角般地面面俱到。但对于一个善于思考、善于分析的记者来说，他能够根据采访时的进度，及时升级问题并进行追问，挖掘出新的新闻点，而这个能力就是机器人无法替代的。

换句话说，只有当你具备旗帜鲜明的人格魅力时，只有当你的工作具备人性温度时，只有当你的思维逻辑与众不同时，你才可能抵御得住这个日新月异的社会带来的残酷淘汰。

低薪面前，如何离梦想更近

据媒体报道，北京大学与赶集网联合发布的报告显示：2015年，应届毕业生平均起薪每月2 443元，仅够买半部苹果手机。

辛辛苦苦考上大学，结果四年大学毕业后，却拿着可怜巴巴的两千多薪水，现实的窘境相信会再一次让不少在校大学生对未来感到迷茫。事实上，大学毕业生面临的就业问题，已经是一个老生常谈的话题，自2013年被称为“史上最难就业季”后，2014年再次被称为“史上更难就业季”，据预测，未来近几年，就业没有最难，只有更难。

造成就业难的原因是有多方面的，高校常年扩招、教育同质化，学生缺少实践、所学难以与市场接轨等等都是导致大学毕业生与就业市场需求出现供需失衡的原因。但是，抛开这些社会历史问题，当下年轻人更需要将“被动的不如意”转化为“主动地寻找出路”。

毋庸置疑，调整好就业心态是第一步。降低自己对初入社会时的起步月薪期待值，这样在面对社会不景气的就业现状时，才不会有太多的抱怨以及消极情绪。现实中，大部分学生因为就业前景不乐观，于是心理压力特别大，常常自怨自艾，负面情绪很浓。殊不知，这样的状态不仅不能改变现状，反而让自己益发地沉浸在抑郁之中，不可自拔，最后一事无成。事实上，在工作生活中，有种力量叫“平衡”，只有降低期待才能保持住自己心态的平衡，控制自己的心态平衡，才能在最大程度上控制住自己的职场前途。

接下来，也是最关键的一步——找到适合自己的工作。什么才是合适自己的工作呢？答案很简单，只要它能更靠近你长久以来的梦想，能够让你保持愉悦的工作心情，它就是值得你义无反顾去拥抱的工作，即使它当下的模样不怎么让人满意，它的薪水甚至让你有些无法直视。心理学家曾通过多项研究证明：人如果长期从事自己不喜欢的工作，很容易丧失其自身的活力与干劲。所以只有做自己喜欢的事，才不会感到疲惫，才能有持久的战斗力去坚持，才会离成功更近。

美国著名的音乐节目主持人莱斯·布朗的故事也许更能说明这一点。早年的莱斯想成为电台主播，但苦于没有机会，为了能更接近梦想，他便从在电台打杂做起——因为这样可以让他每天近距离接触那些著名的播音员，然后默默学习他们是如何工作的。面对打杂这份工作，莱斯从未有丝毫抱怨，无论让他做什么，他都愉快地接受，甚至做得更多——只因为他珍惜这份“离梦想更近”的工作。果然，机会还是垂青了莱斯，在一位播音员因故离职后，莱斯成为了最佳的替补人选。多年后，莱斯曾深有感触地说：“如果当初我选择其他的工作，肯定不会吃这么多苦。但那不是我所想要的生活，我之所以能成功，答案很简单，就是我始终站在离梦想最近的地方努力！”

当然，莱斯的成功，除了坚定地不畏“低薪”与“乏味”，从底层做起，勇敢追求梦想，还有一点就是执着地“坚持”下去——这也是年轻人在明确了自己的奋斗目标后，唯一需要执着完成的最后一件事。

有句话是这么说的：“成功的路上不拥挤，因为坚持下来的不多。”这个时代是一个“剩者为王”的时代，随着时间的推移，任何一条通往成功路上，都是一个不断淘汰的过程：遇到问题逃避淘汰一批，中途学习不够又淘汰一批，受消极负面情绪影响再淘汰一批……最后同行者只会越来越少，而能剩下来的这些人，就是最后“收获成功，实现梦想”的胜利者。

喝下“感恩”这碗鸡汤

“感恩”二字恐怕是从幼儿园起，就被老师挂在嘴边的美德。可是随着人长大，这两个字好像就变得越来越没有力量。有人说，在这个现实的社会如果还说“感恩”，那就是“图样图森破”啦！

可是，真的是这样吗？诚然，这个世界的某些地方并不那么令人满意，尤其是在经济高速发展的今天，物欲横流的都市节奏，确实会让人质疑一些本应该存在的人性美德，甚至有些人会认为这样的美德，费力又不讨好，现在吃饱饭都难，哪来有闲工夫去感恩？但是，也许你不知道，感恩，才是能够为你的温饱生计、事业腾飞添砖加瓦的催化剂。

事实上，感恩，不仅仅是个人修养、个人情操，还是一种为人技巧。这个世界上没有人一定要帮你，如果你有幸得到了他人的照顾与优渥的待遇，请牢牢记在心里，千万不要认为这一切都理所当然。

认识的一个朋友，她是一家世界500强的企业的中高层。刚开始工作的时候，她也很谦虚谨慎，得到了很多人的喜欢与好评，升职得很快；渐渐地，手上的权利多了，见的人物多了，经常代表单位去应酬一些晚宴。在这些晚宴上，她能够接触到很多强企的高层领导，往往高层领导出于待人礼貌，也对她很客气。

慢慢地，她就开始认为自己也是“人物圈”里面的范儿了，理当被重视。在朋友聚会上，她自恃是“人物”，对朋友说话的语气中，有意无意地透着些许傲慢。不可否认，她的“成功”的确得到了一些朋友的羡慕，但更多的却是遭到嫉妒或是不满。“拽什么？你不过也只是个跟班的。”这是朋友私下对她的评价，显而易见，她慢慢地被周遭的朋友都远离了，很多客户也疏远了她。

这就是不会做人的典型事例。在得意的时候，不要忘记别人的失意；在成功的时候，不要忘记别人的挫折。虽然，这只是一种简单的换位思考的处世态度，可对于真正正得意的人，又有几个会记得？

乍看上去，“体谅他人”好像与感恩没有太大的联系。事实上，这就是不懂感恩的人的外延表现。感恩的本质，其实就是不忘本。不要忘记自己是如何成功的，不要忘记帮助过自己的人——这些人不一定是给自己事业上有直接恩惠的人，更是陪伴自己走过的那一群成长的小伙伴。

认识一个在校就自主创业的大学生P君，如今，他的公司已经小聚人气了，他的创业事例也争相被媒体报道，一个20出头的男孩能做到这样实在不容易。与其说他工作能力有多强，不如说他有多会做人。而他做人的法则就是常存“感恩之心”。

创办公司之前，P君只是带着自己的项目四处参加创业类的比赛，而幸运的他总是能最终走到领奖台。在灯光聚集下，在记者的镜头前，甚至在市领导亲自接见时，P君总是不会忘记自己身后的人，独占荣誉。他会把自己的团队成员一一介绍给外界人士，即使他完全可以不这么做。

能共患难的人很多，但是能够共富贵、共荣誉的人，实在太少。真正做到的人，他的未来一定不会太差。果不其然，在P君的带领下，团队一直很团结，即使创业之初，是完全零收入，但大家都义无反顾地跟随他。

这个世界，很多人都在为金钱整晚睡不着觉。而治愈这种不安的良药也正是感恩，习惯“感恩”，就会“不争”，于是获得自己内心的平静。“钱能解决的事情，都是小事情。”在一次感恩主题分享会上，一个企业家如是说。当时，这个企业家正和一个朋友合伙做生意，生意越做越大，后来朋友要分家了，而要分走的那笔钱还真不小。

那个时候，他很郁闷，觉得这事儿太没道理。好在，他的爱人不懂生意，就在旁边说了一句：“那就给他吧。”这个企业家顿时豁然开朗，把钱分给了那个朋友。然而，这一分，把他的纠结也分没了，郁闷也分没了！之后，他不仅得到了朋友的信赖，也为他争取到了更多和这个朋友合作的机会，同时，更收获了一个良好的心态。正是靠着这份心态，他的企业越做越大，他也成了当地的一个小有名气的老板。

感恩要做的不多，却也不简单，那就是舍得。所谓舍得，必定是有“舍”才有“得”。无论是为了情操的培养，亦或是事业的成功，做一个感恩的人，都是人生的必修课。

如果现状让你无路可走，不妨给自己一个间隔年

“大理夜里是天堂，艳遇海景大床房”，一部车，一路美景，一场未知的期待，2014年，电影《心花怒放》，让不少文艺青年们心中的那颗“说走就走”的旅行小心脏再次剧烈地跳动起来。

大概正如电影中演绎的一样，人生中那些没有计划的旅行，大多都是多少带着被迫与无奈出发的。尹亚熙是采访过程中认识的一位姑娘。2013年，对于尹亚熙来说，是“痛并快乐着”的一年。相恋六年的男友，毅然提出分手，时年27岁的她，突然感觉自己整个世界都塌了。

“当时就是想逃离那个走到哪儿都会想起他的地方。”尹亚熙说，自己是个循规蹈矩的姑娘，或者还有些宅，年近30岁的她，在此之前，竟然只去过云南，“而且还是报团的。”尹亚熙是事业单位的一名员工，工作清闲而琐碎，下班后的生活也几乎就在“看看韩剧”和“玩玩魔兽世界”之间打转。

这次出行，尹亚熙首先想到的就是拉萨。“那里被人们誉为‘治愈圣地’，我想疗伤效果一定是极好的。”出行前，尹亚熙上网查了一下网友们发的攻略帖，“有人说，坐飞机直接去会有高原反应，所

以我打算坐青藏线的火车，就直接飞到了西宁，事实证明选择青海没有错，青海湖的美和当时认识的小伙伴都是我一直很珍惜的回忆。”

就这样，尹亚熙开始她的间隔年之旅。历经一年半，尹亚熙走过了西宁、拉萨、林芝、加德满都、博卡拉等国内外70多个城市，她没带多少钱，也没什么规划，走一步看一步，边走边思考着间隔年于她的意义。

由于从小到大，没有为钱发过愁，也不懂得如何控制花钱，还没到一个月的时间，尹亚熙就差不多花光了身上所有的盘缠，“这个时候就开始面临选择了，到底是问家里要，还是回家。”尹亚熙说，“如果回家，我肯定是不甘心的，毕竟出来的时间还不久；但向家里要也是不好意思张口的，我都快30岁的人了。”

那段时间，尹亚熙时常在拉萨的宇拓路边晃悠，宇拓路是当时拉萨的主要集市，也就是在这里，尹亚熙收获了间隔年带给她的第一份礼物。“你会发现这里有很多驴友摆摊，他们都是这样赚取生活费的。跟他们混熟后，我也开始学着他们白天进货，晚上摆摊，”尹亚熙笑着说，“我觉得这个行当挺好的，至少可以解决温饱问题，不用天天为钱忧虑。”

尹亚熙告诉我，也就是在这个时候，她的价值观也改变了：以前觉得钱不重要，因为没缺过钱，现在觉得钱好重要，它让你至少能够活着；另一方面，以前总是喜欢攒钱或者和别人攀比工资的多少，现在却觉得够管温饱就好，每天过得充实就够了。

间隔年的旅途，欣赏自然风光、旅游名胜，都不是最重要的，重新思考人生或许才是最大的收获。在尼泊尔，尹亚熙重新定义了幸福。“在很多人眼里，尼泊尔人该和幸福搭不上边，尼泊尔为农业国，经济落后，是世界上最不发达的国家之一，但你跟他们的年轻人接触一下你就会知道他们的幸福感其实很高。”尹亚熙说，“我们这边常常听到某某企业的员工‘过劳死’的新闻，这种事在尼泊尔估计不会有。到了下班的时间，即使雇主给再多的钱，尼泊尔人也是不会加班的，因为他们认为这个时候身体需要休息。”

用尹亚熙的话说，间隔年前的自己就是长期蜗居在城市里的机器人，朝九晚五、按部就班地生活，从来不会去思考生活该是如何；而现在，她重启了自己的价值观、生活态度，以及求生技能。

如今的尹亚熙依旧在路上，她时常感叹说：“某某人，离开你，我拥有了世界。”

Part 4

纷繁复杂世间，你必须学会勇敢

人生是你自己的，没人有义务替你打理，也没人能够为你的人生负责，别人帮你是情分，不帮你是本分。

没有多少人会感激你的善良

妈妈无论如何都想不到，这两个她交了20多年的朋友，竟然对她拳脚相加。

年轻时，妈妈曾在一家国企上班，后来国企改制后，原本可以留在单位的她为了义气，果断和朋友共进退，一起被下岗。妈妈常说："这几个朋友，比我亲姐妹还要亲。"妈妈这句话的根据主要是她在离婚时，这些朋友给予她的日夜陪伴与照顾。从此，她便完全掏心掏肺地对待这些"雪中送炭"的好姐妹。

她们关系确实好，至少在2014年以前，我一直这样认为。家庭之间的聚餐出游，碰到困难时的倾诉陪伴，总之，基于她们关系的缘故，我和妈妈的这些姐妹家的孩子关系也很要好。

刚下岗时，妈妈经过了很长一段时间的挫折期：不断找工作，不断换工作，不断谋出路……直到她进了一家民营企业，并逐渐受到重视，进入管理层。

妈妈是那种"你对我好一分，我回报你十分"的人，无论是感激公司给予的平台也好，为了对得起手上拿到的那份高额工资也罢，她很卖力地为老板打工。2012年，工资资金周转出现问题，老板让她去筹钱。

原本是找贷款公司周转的，但是考虑到高昂的利息，有人给她支了一招：不如你去跟朋友借，与其让贷款公司赚这笔利息，不如稍微降些利息，让朋友赚这笔钱，同时公司也省了一笔开支。

当然，也有人提醒她说：万一有风险呢？可她总觉得自己就在公司，也分管财务，公司的经济状况，心里很清楚，能够把控住这个风险。于是，她不仅把自己家里所有的积蓄都放进了公司，还将家里的房子做了贷款抵押，每个月赚利息差。

如意算盘确实打得不错，在2014年内，她就凭借这笔投资，硬是赚了她可能打工十年也赚不来的钱。当然，赚钱的也包括她的这些好朋友。这是她最得意的时候。因为帮着大家一起奔小康，亲戚朋友与我们家走得更近了。

周边人看她赚了钱，分外眼红，于是又有朋友的朋友将钱放进他们公司，这个雪球越滚越大。

可是，投资都是有风险的，高收益的背后就意味着高风险，这是一个大家都懂的道理。2014年末，妈妈公司的资金链突然断了，公司没有办法支付这笔利息，本金更是没有办法一时间拿回来。

这时，妈妈的朋友便开始发疯般地找到她。各种难听的话、恶毒的诅咒从这个时候开始，便成了我们家的稀疏平常的“拜访”用语，更有甚者直接拳脚相加，这其中变脸最快的，也就是妈妈那几位相处了几十年的“好姐妹”。

于是，我们几家从朋友便成了仇人。

其实，发生在妈妈身上的故事并不罕见。有个这样的新闻：一个馒头店主，看到很多环卫工人和流浪汉吃不上热乎饭，开办了“爱心馒头”，免费送热乎馒头。可是时间久了，这些流浪汉便开始说：“我不要馒头了，你退钱给我吧。”更有甚者在店主停止免费送馒头后，大闹馒头店，或污蔑栽赃，或破口大骂。

这样的例子多不胜数，无需再举，静下来想想，也许你很容易就能在身边找到对号入座者。其实，这个世界就是这样，没有多少人会感激你的善良。当你一直对某人好时，他就会下意识地认为，这是理所当然，于是欣然接受；若你有一天停止了此前的恩惠，他甚至会认为你剥夺了他本应拥有的东西，而对你恶语相向、恶意攻击。

永远记住：斗米养恩，担米养仇。

我想跟你谈个道德

2015年的新闻回顾里，一定少不了8月12日晚上发生在天津塘沽的大爆炸。

媒体人总是最早嗅到新闻的，事件发生的第一时刻，朋友圈就不断更新各种消息，同时伴随着各种情绪表达，说辞主要分两类：一类是各种保佑平安的祈福，另一类是各种“专业人士”的各种质疑声和讨伐声。

首先被讨伐的自然是天津媒体。“评论大咖”曹林三年前的一篇名为《天津：一座没有新闻的城市》又红了一遍，而诸如“全世界都在看天津，天津在看动画片”这类的文章更是刺激了很多人的G点，各种转发。最初，看到这样的文章，我并没有任何表示，反正每一次事故后，都会有各种质疑的声音，但当这种声音都完全挤爆朋友圈和微博时，甚至有些媒体人都以此做文章时，终于我有些按捺不住了。

我在朋友圈写道：“天津本地媒体能说些什么？相较于某些编辑坐在办公室里上着网就能凑出个整版，有些记者可能早就到了现场却被撤稿，忙活了大半天最后一个字也没有发，到底谁有资格指责谁？

网友吐吐槽也就罢了，只是不明白为什么明明都懂的一些媒体还以此作文章。”干过媒体的都应该心知肚明，本地媒体这时肯定是宣传戒严的时候，尤其是电视台和主流报刊，都在等上面的消息。

我有一个微信群，这天也是炸开锅。有人转了条信息在群里，大致内容是“天津怎么了，东莞怎么了，北京又怎么了，这24小时，不太平啊，为伤者祈福……”，于是有人跳出来了，说“明明是灾，何来福之说，别再祈福了……”然后，双方都各不退让，最后吵得不可开交，于是，我退群了，所以具体的内容，也没办法完全写下来。

而这样的剧情，大概在每一次的天灾人祸发生后，都会上演。而我总觉得，这世界本身就是多元的，有人就是玛丽苏的性格，有人就是天生清流做派，只要他没有伤害到你，影响到你，他用他的方式表达对这个世界的同情之心、理解之心，抑或是表达批判，都是应该得到理解和尊重的。如果你看不惯不看就好，你不喜欢这个人拉黑就好，何必一定要打个你死我活？

什么是道德？借用罗振宇的一句话：“道德这个东西不是爷爷奶奶、祖宗老师说了，就是我应该遵守的道德，如果强制他人就是不道德，如果我没有强制他人，我在我的自由意愿下进行选择，只要没有影响到其他人，这就是道德。”

圈子不同，融或不融？

有篇名为《圈子不同，不必强融》的文章火得是不行不行的了。作者无非是说中了很多年轻人的生存状态与心里的纠结：为什么我怎么努力也不讨人喜欢？面对和自己不一样的人，到底要不要努力讨好？生存在这个哪儿都是人情的社会，不讨好别人，是不是就无路可走？

说说我的故事。我是一个其貌不扬的人，虽然说不上让人看了想吐，但绝对和漂亮扯不上边；我也没有显赫的家庭背景，在很小的时候父母就离异了，在某种程度上，我甚至有些自卑。

总之，小时候，我几乎没有什么朋友，大家都不爱和我玩。好在还有X小姐。

X小姐是我的发小，我们既是邻居也是校友，我们一起上下学，一起吃零食，形影不离。同时，她有很多朋友，跟她在一起，我感觉我也是其中的一份子。为着这种虚荣心，我紧紧地跟着她，死心塌地地跟着她，就像奴才护着主子一样地讨好她。

在很长一段时间里，我也认为，她是真心把我当朋友，这一切让我感到很心安。直到小学二年级的一个中午，这一切都变了。

那是一个秋天的中午，我们依旧约好一同回家。放学的路上，人流量很大，摩肩接踵的，我们小小的个头，好像被踩死了，也不会有人发现一样。

校门口总是有很多小货摊，有的卖文具，有的卖贴纸，还有的卖小玩意。X小姐突然指着一张贴画对我说“我想要”。

“我没钱。”我说道。当然，除了真没钱之外，更重要的是，我内心坚定以及肯定，这是不对的行为。

“不行，我就要，你去偷吧，要不然我就不跟你做朋友了。”

这可把我吓坏了，她可是我最好的朋友。于是，我就伸出了第三只手。

大概我天生就不是偷窃的好手——被摊主逮了个正着。摊主是个六十来岁的老人家，她对我不依不饶，一定要我付钱，大概也就五角钱吧，但是我没有，我一分钱也没有。

窘迫、后悔、懊恼、绝望、无助……真恨不得这个时候有个地洞让我钻下去，或者这个时候有个天使来救我，至少X小姐应该挺身而出！

但她跑了，跑得比谁都快，人群中再也没有她的身影。

后来的事情，由于时间久远，我也记不确切，总归我还是回到了家。

X小姐的临阵脱逃，让我一直耿耿于怀。而在很久以后，我才明白，这其实是我自己的原因，明明我跟她价值观不同，明明我并不愿意去偷窃，可是就为了能有这么一个朋友，我放弃了自己的底线，做了违背道德的行为，最后换来的，也是被朋友遗弃的下场。

一个人愿不愿意和你交朋友，其实和你是否“配合她（他）”，并没有直接关系。当然，这个道理，我也是经历了很多之后才明白的。

站在高处，才有话语权

由于父母离异的缘故，从小到大，妈妈跟我说的最多的一句话便是：“你是妈妈的命，你一定要成才，能帮妈妈扬眉吐气。”于是，一方面，我为自己的家庭自卑；另一方面，又极其希望别人能够注意自己，希望自己能有一番作为。

对于学生而言，引人注目的最实际的实现途径就是考第一名。当然，第一并不是那么好考的。我所在的中学是省重点，而我所在的班级更是重点班，小升初就特别难考，据说是全市挑出来的200名学生，所以个个都是人精。

在这种班级，竞争特别激烈，老师成天看着的也只有排名表，而我在班级的排名大概在20名上下，所以，像我这种成绩不是很好的同学，自然也就受不到老师的重视，以及同学的尊重。

至今依旧记得一件事。初二的时候，数学老师在班上布置了课堂习题，课后需要交上去。我很认真地做完了，上交给小组长。小组长是一个很调皮，但自认为很聪明的男生（当然这位数学老师也同样这样认为，因为她认为调皮的男生都是聪明、智商高）。这个男生，反正不太瞧得上我，所以在我的作业纸上，打了一个大大的×！

顿时，我就哭了，那个气啊，他凭什么在我的作业纸上打×，他又不是老师，况且，我认为那道题我是做对了的！我不服气，告到老师那里去了，结果呢，这位数学老师明显偏袒他，不但不批评这位男生，反倒不屑地对我说："嗯，你是做错了嘛！"

大概就是这件事，让我彻底对这个社会失望：因为老师不是公平的。从这个时候，我就知道，什么事都得靠自己，只有你强大了，别人才会瞧得起你，你才会得到尊重。

很快，我的成绩变得好了起来，尤其在高中。虽然我没有进入到最好的那个班，但我所在的班级也是重点班。自打高一起，我就是班上的第一名。

第一名就是好，老师重点培养，同学也跟你处得火热，那时，我不仅是班上的学习委员，还是学校的团支部副书记。但可能因为经历过初中的那段日子，我知道，无论是看起来的好人缘，还是老师的表扬，都只是因为，我是第一名。所以，我对成绩看得更重了，我把所有时间都花在了做题上面。

高一的一个暑假，班主任把我喊去办公室，送了我一大摞习题集。我一看，吓呆了，全是高三的复习用书。他对我说："这些书就送给你了，好好干，这个暑假先把高二高三的内容自学完，以你的成绩和智商，拼一拼清华没什么问题的。"

老师对我的鼓励，成为了我日后的动力，同时也变成了我的负担。当然，从现在看，负担更多。我高考成绩并不如意，离老师定的目标差得太多太多。

扯得远了，其实说这段经历只为了表达一个主题：只有在你做出成绩的时候，才会得到尊重，否则连开口为自己辩护的资格都没有。

别人帮你是情分，不帮你是本分

QQ上有加过一个姑娘，不记得是怎么加上或者被加上的，我们素未谋面，但却算是联系多的QQ好友之一。

大多数时候都是她来联系我："你好，我有一篇稿子想要投，你能不能帮我改一下，我没什么经验。""你好，我也想在杂志上发稿，你能不能帮我指条路？""你好，我今年大三了，我们暑期要实习，你能不能帮我介绍实习？""你好，我实习单位的电话找不到了，你能不能帮我找一下？""我男朋友和我分手了，我还是很想他，你说我要不要联系他？"……

每次找我，她总会有一大串问题要问我。说实话，我并非是那种冷漠的人，某种程度上，能帮到别人，我会很开心，至少说明我是一个对别人有意义的人。但是，对于她，越到后面，我越是不愿回复。

我和她应该说是没有什么交集的。她平时也不会主动问候我什么的，一发来消息，一定有所求，而且每条消息之前也不会有任何的寒暄，直入主题，直接发问，语气也并非客气。这让我对她有了很不好的印象，似乎是我欠她什么，必须回答她一样，我也没有收你的钱，也不是你的老师和顾问，连你朋友都算不上，凭什么要成天义务做你的顾问？

再来说说她每次问我的问题，都是那种并不需要多少思考就能够得到答案的。举个例子，有一回她找到了实习单位，但她不小心弄丢了单位的电话，她又跑来问我："你能不能帮我找个实习，我之前找到的那家公司的电话不见了。"我靠！我看到了之后真是气不打一处来，你是90后，互联网的原住民，难道你不会上网搜这家公司吗？公司网站上怎么也会有联系电话嘛，这种问题也要拿来问人，很明显，是根本没有经过大脑思考。

进入实习期后的一天晚上，她又发来一长串的消息。我一看，是一条新闻稿，当时我正在值新闻夜班，实在顾不上帮她看稿子，就直接跟她说了句没空。结果她又说"你就帮我看一下嘛，反正也不长！"这让我心里很不舒服，说白了，你在媒体实习，本身也有老师带，完全没有必要让我来修改你的稿子。当然，她也很有可能是因为担心自己稿子写得不好而被自己的老师批评，可是谁没有第一次呢，批评也是种学习，为什么没有办法去正视呢？

她总说希望也能在杂志上发表文章，问我是怎么做到的？我就将自己的写作之路跟她说了一遍，并介绍了几家上稿比较快的报纸副刊邮箱给她，同时嘱咐她平常要多看这些报纸杂志的用稿风格，模仿着来写，先挑简单的来，这样容易上稿，也能给自己打打气，有利于长期坚持下去。她倒好，第二天就跑来告诉我，自己投了一篇稿，怎么编辑没有回复！我脑袋上立刻浮现了一排黑线！这姑娘也太心急了吧，才一天而已，编辑可能还没有看见你的稿子，就算看见了没有回复，也没有什么值得大惊小怪的好不好，毕竟你才刚刚开始写作，被拒绝也是很正常的嘛！

姑娘也偶尔会发来几篇她的稿子，让我帮她先改改。我本着认真负责的态度准备好好看时，却经常会看不下去，如果说语言流畅和思维逻辑缜密是需要慢慢积累的话，错别字总该能自己发现吧，而她发来的稿子总是错字连篇！

说实话，像姑娘这样的人真的很难让人喜欢，也很难让人心情愉悦地帮助他们。他们总是用一副全世界都欠了他们的态度来要求别人照顾他们，指导他们，帮助他们；他们总是理所当然、心安理得地接受这一切；即使是动动手指，就能完成的任务，就能解决的问题，他们也宁可坐着等人家来替他们解决。

说白了，这类人就是伸手党，总想着不劳而获，他们不愿意思考，也不敢做决定，因为他们害怕承担相应的责任。他们希望有个人告诉他们应该怎么去做，然后按部就班完成就好了。如果有一天活得不好，他们也可以把这个错误归咎在别人身上，自己少难过一些。

当然，人生不可避免地需要发问，毕竟我们走过的路有限，我们总希望借助前辈的力量让自己走得更远，正如人类的所有进步都是建立在前人的基础上的。可是，发问也是有前提的。比如说，你不了解某件事，你完全可以先自己搜集资料，把一些基础性的工作做完，实在有一时解决不了的高级问题再拿来问别人，这样别人才更愿意回答你的问题，同时你在主动追寻答案的过程中，自己解决问题的能力也会得到提高，对于问题的认识程度也才会更加深刻。

人生是你自己的，没人有义务替你打理，也没人能够为你的人生负责，别人帮你是情分，不帮你是本分。

你为什么注定不幸？

读大学时，我在一家辅导学校做过一段时间小班英语教师，学生都是些高中生。

我带的这个班，成绩都算不上太好。一张150分的高考卷，高二水平的他们，最高的也只有九十来分。上课时，学生们也多不用心，有人是偷偷玩手机，有人是偷偷写作业，反正基本上都是人在神不在。

我也只是个大学生罢了，来辅导学校兼职就是图点生活费，这帮学生给不给力，于我关系也不大，只要我认真备课、上课，对得起自己就行。

但有一个姑娘，却给我留下了很深的印象。她是唯一一个上课提前到，且是每次都提前到的学生，上课时她也多半会认真记笔记。

终于有个听课的学生了！不当老师不知道，做了老师之后才明白，学生愿意听你的课，对于一个老师而言，是多么大的鼓励！这是一种复杂的感受，有人信你，敬你，尊重你，让你感觉到了自己存在的价值。

我当时想，我一定要好好帮帮这个姑娘，努力的学生，就应该考出好成绩！当时做摸底测试时，姑娘的分数只有七十几分，听力、阅读都不是很好。我了解到，姑娘在念高中前，一直在乡镇上的学校念书，老师自己英语发音也带着浓浓的本地口音，所以姑娘的基础也就没打好。到了高中，上的也是该市一所普通的中学，学习氛围不太好，老师也不太愿教。难怪这么听话好学的姑娘，成绩一直提不上。

据说，姑娘家挺有钱的。父亲虽然没太多文化，但是碰上了改革开放的好时机，淘到了一大笔钱，但因为重男轻女的缘故，从镇上搬来城市后，独独把姑娘留在了老家，让老人带，直到姑娘念了高中，才接回身边。

“你别着急，现在来，一切还来得及。”一天晚上，上完课，我把姑娘留下来，对她进行一对一讲解，“听力部分，你现在想要快速突破最好的办法，就是每周背一套题，把一套真题的听力原文给背下来，培养语感，其实考试内容都是万变不离其宗的，你背上了七八套题，听力也就差不多了；阅读部分，要多做题，因为这是有做题技巧的，你现在就是要把这些技巧给用熟练了……”姑娘听得很认真，我说得也很带劲。

姑娘的成绩，虽然一直也没见到显著提高，但我能明显从她每次做题的思路上，看出进步。直到有一回，姑娘考了101分。我正准备表扬鼓励她时，她却有些脸红，不是紧张，而是慌乱的红。

“我把好运气都用完了，高考怎么办？”姑娘居然向我提出了这样一个问题。

“什么叫做把好运气都用完了？”我有些诧异于姑娘的想法。

“我是不可能考出这么高的分数的，如果我现在就考了这样的成绩，就等于把我积攒了这么久的好运气都给用完了！”姑娘小声说。

我对姑娘的神逻辑表示不能理解。我只听过人家说“否极泰来”“破财消灾”“坏运气走了好运就要来了”，还是头一回见识到反过来的逻辑。我意识到，在姑娘的潜意识里，自己就应该是个“差生”，自己就应该是“不能考好”的，自己就应该是“倒霉蛋”，一旦有任何好事发生在自己身上，她都会惊慌失措，担心马上将有大难来临。

最后，高考成绩还果真是如了姑娘“所愿”，分数依旧不尽理想。

恐怕我这辈子也不会再做老师，师生一场，她毕竟是我人生中难得的学生，我们一直保持着友好联系。

高考后，家里花钱让她读了个民办大学。在念大学期间，她交了一个男朋友。姑娘给我看过这个男孩儿的照片，又高又帅，确实不错，据说，也对姑娘很好。但姑娘又慌了。

“姐，你说他什么时候会和我分手啊？”姑娘发来信息问。

“你怎么会这么想？”

“我不可能遇上这么好的男孩子啊，我长得又不漂亮。”虽然看不到姑娘的表情，但我分明感受得到她怯怯的心理状态。

“你哪里不漂亮了？每个人都有自己的特点，人家兴许就是被你的磁场吸引了呢？”

姑娘没有回我。但后来，姑娘果然又真的分手了，只不过这次是她自己提出来的，理由是：“我想将我们结束在最美好的时候。”

我晕！姑娘真的是成天都有“不幸妄想症”。

工作后，姑娘找到了一份文秘的工作。因为公司不大，姑娘接触老板的机会很多，老板对姑娘的工作态度很满意，准备提升她做办公室主任，她又慌了：“我要不要接受老板的好意？会不会升了职之后就没有好运气了？会不会做不好让老板失望？老板会不会一直这么信任我？”

截止目前，姑娘一直抱着这样的生活态度继续生活着。最后一次听到姑娘的消息，是她离婚了。

那是一个冬天的晚上。我正准备睡觉，拿着手机刷了一下朋友圈，看见姑娘的状态：人生若只如初见。

我本能地意识到姑娘情绪不好，便留言：怎么了？

姑娘回复：离婚了。

看到姑娘的回复，我愣了许久，硬是没缓过神来。她刚结婚不到两个月啊，难道现在的年轻人都流行闪婚闪离吗？

于是，我私聊她，问了问详情，想适当给予些安慰的话。姑娘告诉我：“他发现我跟以前的男朋友在一起时就发生了关系，我们吵了一架，我知道他想离婚，只是不好直说，怕我不能接受，所以我就自己提了。”

我说，男性有处女情结可以理解，也许只是你们闹一闹，他不一定想离婚的。姑娘却说：“我早就知道，我不可能拥有幸福的生活的，从小就是这样，没关系，我能接受。”

姑娘的“注定不幸论”又出现了。我不知道是不是童年缺乏父母关爱的缘故，姑娘一直告诉自己，“我应该是不幸福的，我应该只会有苦难”，我不知道姑娘是否因为童年的遭遇而内心总是缺乏安全感，所以恐惧替代了她对幸福的期待与感知。但我知道，如果姑娘这种心态一直持续下去，她的人生也注定和她认为的一样不幸，这就是心理学上所说的“墨菲定律”——你担心某种情况发生，那它就会发生。

但愿，能有一天听到姑娘说，“我应该是幸福的”，我相信那时的她一定会笑如春风、面若桃花。

芥蒂起于妒忌，伤害源于了解

经常采访到这样的新闻：“×××被杀，凶手竟为熟人！”“女子数万现金被盗，嫌疑人竟为女子闺蜜”“未成年人拐卖，超八成熟人作案”……

每每看到这样的案件时，总会不寒而栗，真是防不胜防！

从小，父母就告诉我们不要和陌生人说话，现在看来，比陌生人更可怕的反而是你的身边的朋友，而伤害你最深的也往往是你最信任的人。

大学时期，我曾经有个很要好的朋友。她蓄着乌黑的长发，娴静少言，声音温柔，情感细腻，她说自己很内向，只有我这么一个朋友，希望我也能把她当好朋友。

她对我的确很好，心灵手巧的她总会在各种节日送我她亲手做的小玩偶，我熬夜学习长了痘痘，她会特地帮我买各种中药，我们彼此有着相同的爱好，所以我们总是形影不离，我们一起去图书馆，一起去餐厅，一起参加社团活动。

虽然她总是在我面前说，自己是多么不懂表达，多么不擅人际，但我总觉得她也并不像她所描述得那般不谙世事，也并不是完全不会与人相处。至少，她会握住我的手，紧紧地对我说，要和我做好朋友，这就说明她是会表达情感，至少她总是会给我带来各种小惊喜，这也说明她也非常懂得该如何与人交往。总之，相比那些自诩善于交际的同学来说，她并不差，甚至还胜于他们。

我喜欢这个姑娘，因为她的才华，因为她对我的好，反正我也下定决心要对她好。

我们加入了同一个社团，换届选举时，我们都是候选人。一天中午吃过饭，我们在校园里打转时，她突然对我说：“我（参选）就是来打酱油的，我一定会支持你的，我很看好你哦，加油！”

我想大概她是怕和我一同竞争，会使我不舒服，便对她说道：“放心吧！我们一起竞争很好啊，反正无论是你当选还是我当选，我都会很开心的！”

看她脸上的神色依然有些凝重，我突然大声说道：“××，我可不会让你的哦！你要小心！”遂做了一个鬼脸，冲她笑道。

说心里话，当时确实没有把她当作我的竞争对象，一来因为她是我的好友，二来我的呼声一直比较高，在很多人眼里，我的确是候选人的不二人选。

不过，最后我落榜了，而她击败了所有候选人，成为了新一届的社团负责人。

我承认，这个结果让我有些受挫，心里也难免失落，但我仍然祝福她，由衷地祝福。我在学校餐厅买了一个小蛋糕，准备去她宿舍，为她打气，因为她总说自己气场太小，很难管理一个组织，我私下揣摩，这个时候的她一定是既意外地欢喜，又暗自担心自己的能力。

很不巧，在她门口，透过虚掩着的门，我听到了这样一番对话：

社团一个成员：“你跟她关系这么好，你当选了，会不会影响你们之间的关系啊？”

她说：“她爱怎样就怎样吧，你也不知道她平时有多自大，好像什么都应该是她的一样，从来没有考虑过别人的心情。早就受够了她！”

我愣住了，怎么也不会想到朝夕相伴的好朋友竟然认为我是这样的人，竟然背着我，在一个不太熟的人面前如此说我！

后来，我退出了社团，而她也因为社团工作忙，和我越来越疏远。意料之外，却也情理之中的是，社团在她的带领下越办越好，她是一个出色的管理者！

因为她的强硬做派，有些小学妹受不了便也退了社团，其中有一个学妹找到我说：“早知道就投学姐你的票了，当初 × × 说了你不少坏话，我们还以为你是那样的人，所以我们才投给了她。”

小学妹的补刀，让我更加心痛。我依然相信，朋友最初要跟我做好朋友的心思一定是真的，因为一个人要装是很难做到那样付出的。但我至今依旧不明白的是，她是从什么时候开始对我心生芥蒂，她是从什么时候开始在人前人后满口都是指责我的不是。

自此之后，我很难再对人不设防。突然间觉得那句广为流传的“防火防盗防闺蜜”说得真对！突然间觉得那些宫斗剧也并非瞎掰乱造：往往伤害你的人就是曾经跟你最要好的姐妹。

细细想来也没有什么奇怪的。芥蒂往往起于妒忌，伤害往往源于了解。

你们性情相投，喜好相同，所以往往都会喜欢同一事物、同一个人，于是便有了妒忌，有了闺蜜挖墙脚的故事。

你们彼此旗鼓相当，所以你们其中一人飞黄腾达，另一人都会容易嫉妒，就好比你不会妒忌范冰冰长得漂亮，因为人家天生丽质，而同你一起长大的小花突然变成了大美女，你就不舒服了，因为她原本和你一样。

你们彼此了解，所以一旦要伤害，往往发力最准，伤害最深，因为你所有的要害她都一清二楚。

其实人就是这样，往往我们不是见不得人好，只是见不得身边人好。

还是那句老话，害人之心不可有，防人之心不可无。作为朋友，我们每个人都应该时刻提醒自己，不要因为妒忌而心生怨恨伤害别人，也不要因为关系亲密而对朋友全心信任，更不要在自己得意之时，忘记了他人的失意，忽略好友的感受。

那个雨天，没人替你打伞

那是一个雨天。

我记得那天下午，因为不停呕吐而失眠了几个晚上的我，精神很糟糕，但那天下午依然有工作，要去一个距离市区很远的地方采访。采访形式并不辛苦，只是坐在会议室听人家开会，然后发个通稿，可即便是这样，那个下午我都煎熬万分。

肚子疼得实在不行，胃里就像有一滩死水，上不去也下不来，我握紧拳头，神色惨白。周围的同行记者，大概也是看见了，便询问了一二，我客气地说："没事，就是反胃。"

我承认，我这是女孩子天生的矫情毛病又犯了，就是希望人家多问两句，多关心两下，可是期待落空，人家就当你没事，不再问了。

采访的地点离市区有点远，即便是坐地铁也要一个半小时才能回去，且中间有一段不短的步行距离。朋友是开了车来采访的，我以为他会顺路稍我回去，可是又是我想多了，人家根本也没提，于是我便自己在人迹稀少的郊区独自走到了地铁站。

路上，手机响了，一看，是单位领导的电话。

“这两天可能采访有点多，要辛苦一下了……”领导开始给我布置接下来几天的工作安排。

“不好意思，我刚好想请假。我身体有点不舒服。”

“那怎么办呢，我们这边人手也不够，你能不能先撑一下。”

“其实昨天我就不舒服了，我以为我可以撑下去，可是今天下午我就觉得实在不行了，能不能请一下假？”说这番话时，我心里有些怨怼，抱怨领导不体恤员工。

“行吧，我尽量安排其他人……”虽然事情的结果是领导确实给了我一天的假期，但当时的回答却不明确，我即使在家里休息也随时待着命。

不过，话说回来，我是能够理解领导的为难的：一来当时单位确实缺人，二来她也刚调来我们部门不久，对工作并不熟悉，同时也希望一来就能把事情做好。她会做出这样的决定，说出这样的话，站在她的角度一切都是对的。况且，她又不是我，她自然也是不能了解我有多疼。

就像电视剧里的必备情节一样，此时的天空一片灰蒙，一场滂沱大雨即将到来。果然，下了地铁后，路上一片积水，天空依然下着大雨打着响雷。

地铁站离家里还有小点远，下班高峰期又恰逢雨天，打车是很难的了。在地铁上时，同事就打来电话希望能早点出稿以便在当天晚上的新闻中就播出下午的采访内容。

既然是已经答应的工作，突然变卦自然不好，毕竟人家编新闻也是预留好了时间的。为了不影响工作，我只能选择冒雨跑回家。

回到家，火急火燎地把工作做完后，也吃不下任何东西，就躺在床上了。人空下来，注意力才又集中在了疼痛上。这时，我突然发现，自己的肚子如同刀绞一般，正把我整个人撕裂开来。突然间，一种说不出的难过顿时涌上心头，眼泪哗的就流了下来。

那时，心里就想：独自一个人在异乡，没有人会关心你，也没有人会在乎你。和你有交集的人，只不过是为了完成各自的任务罢了。当然，这个世界原本就应该是这样，大概根本也不会有人在意你的死活。或许有人经常给你短信问候、节假祝贺，可那只不过是人际交往中简单复制粘贴后的群发罢了。不必对他人的这种行为感到有所不适，你我不也一样吗？我们的时间都是有限的，哪有那么多功夫去理会他人的死活。

经常会看到有人在微博或者贴吧上直播自杀。说白了，无非是想得到他人的关注，他们也期待对方会来劝解他们。记得有一则这样的新闻：有一个月薪一万五的男孩，在天涯论坛直播自己的求死情形。他写了很多，包括他生活有多么不如意，世间没有人真正关心他的死活，他对人生感到如何失望，他要怎般怎般地去死……不过，他还是留了自己的门牌号码，大概在死前希望能够得到某些人的挽留。但他很不幸，直到论坛版主报警，直到警察闯入房子，他已经在天花板上吊，停止了呼吸。

人大概都是如此矛盾的吧：一方面是真心生无所恋，一心求死；

另一方面又希望得到关心，有人挽留。

男孩在死前极力想告诉世界一些关于他的无奈与呐喊，但他可能永远不再有机会知道：即使他成功自杀了，即使他的死亡成为新闻热点素材，但对这个世界却没起到一丝一毫的改变。甚至至今，能够想起这则新闻的人估计也寥寥。

记得李欣频曾经说过："人在最痛苦的时候，在你身边的只有你自己。"就是这样，不管你是公诸于众的死还是悄悄的死，不管你是笑着死还是伤心地死，是因为谁而绝望又是为谁而死，会在意的人终究无几。

所以，面对无法承受的生活时，我们当然可以选择死，但死了对这个世界不会有任何影响，可是只要你还活着，那么一切都还有可能。

正如电影《荒岛余生》中的一句台词——主人公在因飞机失事掉落到一个荒芜的小岛中，一时间他一无所有，可是尽管处境如此绝望，他依旧对自己说：我不能停止呼吸，因为明天，当太阳升起来，谁会知道潮水能带来什么?

的确，你有千百种理由去死，但请你为了一种理由而活：那就是去寻找可能性。

没有谁，天生就该成为冤大头

阿楠在他的电台节目中讨论：“你有没有爱请客的习惯”。

这根本讲的就是他自己好不好！突然，想起和阿楠在一起的时候，便拨了电话过去，在节目中和他聊了起来。

阿楠是我曾经的一个同事，也是那个总是抢着买单的同事。起初，我非常不好意思，也私下揣摩着，是不是阿楠他客气，所以每次都买单，也许他也期待在他掏出腰包结账的那一刻，也会有人站出来，然后英雄一般地大声说道：“哥们儿，这餐我来！”

我想成为这个拯救阿楠的英雄。于是，我会主动提出请阿楠吃饭，借口是让他陪我。他好好地答应，也好好地赴约，可是在买单的时候，他却依旧总是把我拦到一旁，自己掏了腰包。

此后，我来抢单便成了一种仪式化的客气，因为从来我都没有真正买过单。我心里有些过意不去，便买了一些小礼物送给他，可是他又总会送一样更高大上的礼物给我。

阿楠这样的男生，大概会让很多女生喜欢，只可惜他不喜欢女生，否则他还真是会有诸多艳福。也许正是因为这样的原因，我便更加放心地和他相处，甚至独处，他对你毫无所求，也没有任何目的，就是单纯地和你交朋友，对你好，照顾你，在你身边陪伴你。总之，阿楠陪伴了我所有没有情人的情人节，是真正的传说中的蓝颜。

当然，阿楠不单对我如此，对所有朋友几乎都是如是相处。后来，我甚至在想，他是不是就是喜欢买单，他是不是就是天生的冤大头，最后，我便也习惯了，他来买单。

直到，阿楠做了这期节目。阿楠说，请客这件事，也是分场合、分情境，分心情的。他也有过不想买单的时候。

他说，他曾经参加过一次由他人发起的朋友聚会，大家吃得high，玩得high，就是没有人提出要结账，直到饭店打烊，服务生要清人时，这时的旁人便该上厕所的上厕所，该打电话的打电话，“总之，就没有人做那件该做的事”。

阿楠说，这一餐他其实并不打算买单的，至少不是心甘情愿地想要买单，可是当时场面尴尬极了，服务员看着自己，自己看看周边，但周边没有人，于是他只能默默地爬到收银台做了他常做的事。

阿楠在节目中问我，如果我碰到这种情况，怎么办？我说，那我也耗着啊。阿楠说，那多尴尬。我说，既然他们都不觉得尴尬，你也没有必要顾及他们的情绪。

“好吧……”阿楠竟然接不上话。也是，我能理解阿楠此刻的感受，从来都是结账的那个人突然有一天不想买单了，但所有人却认为这件事应当由他来做，他也只能碍着面子继续做下去，毕竟他是脸皮如此之薄的那个人。

事实上，我也是脸皮极薄的那类人。如果场面十分尴尬，我也会尽量照顾别人的情绪，而勉强做自己不愿意做的事情。直到认识了一个女生，她彻底改变了我的人生观。

姑娘是93年的，2014年毕业，在一家公关公司工作。刚进公司的时候，她和同期招聘进来的一个女生关系特别好，两个人还一起合租了房子，吃住都在一起，在最难熬的试用期时，两个人相互鼓励，相互安慰，相互学习，相互进步。所以，同期进来的10个新人中，最后留下的也只有她俩。

姑娘和这位朋友能力都很强，很快成了公司的骨干员工，但两个人的关系也在此时悄然变质。原因是职场中常见的那一种，因为工作竞争，朋友抢了姑娘的客户。

姑娘得知后，当晚就从两个人同租的房子中搬了出来。那晚，她给我电话了，问我的住处能不能住人，我说："成，你来吧！"

我以为这一晚姑娘肯定要我陪她聊到天亮，因为这事儿相当于被好朋友背叛，这种心情，对于一个刚刚二十岁的姑娘来说，是难承受，也很难自我排解的。没想到，当我想要劝解姑娘时，她一脸泰然地对我说："没啥，我已经跟她闹掰了，我跟她说，如果下回再这样，我就直接告诉领导！"

我有些震惊，问道："你就不怕得罪她吗？"毕竟，如果是我遇到了这样的事，我会选择憋在心里，忍着不说，全当看清了一个人，因为毕竟二人在一个公司上班，抬头不见低头见的，这样硬撕，大家脸上都挂不住。

“她都这样对我了，她怎么不怕挂不住面子？她都没有觉得不好意思，我为什么要为她留情面？反正都不是朋友了，我又何必为了照顾她的情绪，让自己憋屈。如果今天我不把我的情绪表达出来，那我肯定会一直把这件事挂在心上，那纠结痛苦的是我，她还能像个没事儿人一样好好过。”

我很难想象这样一番话是从一个刚毕业的小女生口中说出来的，因为我遇见过太多纠结于人事关系而抑郁寡欢的人。

“不必为了不在乎你的人而纠结”这是这个姑娘教会我的，在阿楠的电台里，我也如是把这句话送给了阿楠。

节目结束时，我弱弱地问了阿楠一句：你在请我吃饭的时候，有没有想过让我买单？

阿楠说，一个人无缘无故地请你吃一次饭是他的大度。一个人无缘无故地请你吃两次饭、三次饭……一百次饭，不是因为他傻，也不是因为他有钱，而是因为他在乎你。没有谁愿意为你的每一餐饭买单，但是在乎你的人是愿意为你们的每一次相聚买单的。

当我确认我是阿楠在乎的那个人时，我放心地挂了电话，然后发了一个微信红包给他。我很感激人生当中能有这样一个蓝颜陪伴，但我也在这一刻知道，没有谁天生就该成为谁的冤大头。

你在社交中，会情绪敏感吗？

同行好友香儿是我微信朋友中刷屏比较厉害的。吃饭会晒美食，旅游会晒美景，工作要发工作图，看到了什么新闻也喜欢评论一番。

起初，我会点个赞，慢慢地也便懒得评论了。没什么特别的原因，仅仅只是疲于点赞评论而已。

在一次下班回家的路上，我遇见了香儿，见她也是一个人，便和她约着一块儿吃个大排档。上菜后，香儿依然拿出手机拍照、发朋友圈晒图，还似开玩笑地对我说："快赞呀！你都好久没给我点赞了，我还以为你不喜欢我了呢！"

我拿出手机一边给她点赞，一边说："你平时发这些，给你赞的人多吗？"

"关系好的自然会赞。"香儿说。

吃饭过程中，香儿时不时掏出手机，一边看，一边说："哎，我都@兔子了，他怎么还没有赞呀。"兔子是香儿的男朋友。

我说："等等吧，也许没看到呢？"

"不可能！他刚刚还更新了一条朋友圈！"香儿像是逮着了丈夫

偷情的现场一样，一脸愤愤。

吃完饭，我们顺便逛了逛，她一边走，一边还在刷着手机，我说："得，你回家拿着他的手机自己点个赞，行吗？"

这时，香儿倒是有些郁郁地说："我前两天因为他父母的事，跟他吵架了，他不会还在生气吧，也不是什么大事儿啊！"

我突然觉得香儿很可怜，性格太敏感了，男朋友少了个赞就会认为对方对自己不满，朋友少了个评论就会认为对方不喜欢自己。

想来，香儿确实一直是这样。她总是隔三差五便群发条信息试探谁又删除了她，如果对方无法接受信息，她便开始疑心，是不是自己哪件事做错了，引起对方不满，所以对方将她从好友名单上删除了；又比如，香儿是记者，要约采访对象时，总是不敢直接打电话，而是要发短信，即便对方短信一直不回，她也不会追一个电话过去问问情况，而是一直等一直等，一边还在心里嘀咕对方是不是要拒绝她的采访，而不会去想对方或许一直没有看到这条信息。

正常的自尊是有弹性的，在遭遇挫折时，虽然也会有情绪波动，但能够较快平复。可是像香儿这样的姑娘，则会放大一件事情的严重性，最后自己吓自己，成天活在抑郁恐慌之中。

我曾经也算是性格敏感脆弱的人，往往别人的一举一动，都会让我情绪起伏很大。比如，领导看了我的方案却一直没有给我回复，我就会想是不是我的方案写得不好；又比如，我不小心开了某个朋友的玩笑，之后再见到这个朋友，我就会下意识地想她是不是还在生气。

这让我心力交瘁。后来，我去看了心理医生。医生说，我是归因方式出了问题，带有一种孩童的自我中心视角。比方说，小孩子就经常是以自我为中心的，所以如果父母吵架了，他就会把原因归结到自己身上，认为是不是自己哪里做得不好。而事实上，这件事兴许和他并没有什么关系，这只是他的想象罢了。同理，放在我身上就变成了，只要周围的人对自己不友善，只要事情没有按照想象的发展，我就会倾向于认为是不是自己出了问题，而变得郁闷。

在医生的建议下，我试图改变自己的思维方式，告诉自己，不停暗示自己，这并不是我的问题。有的时候，我也会将自己置于某种不舒服的情境中，刻意去练习适应。这在心理学上叫暴露疗法。

说白了，我们之所以敏感，多半是认为自己某种行为一旦做错，便会导致无法收拾的残局，仿佛我们的每一句话、每一种举动对我们的生活都至关重要。既然这样，那么你就故意错一次，看看结果又能怎样。你会发现，事实上，你长久以来的担心都是在自寻烦恼。

愿你我都能和这个世界平和相处。

欢迎孤独，拒绝寂寞

17岁的我，第一次远赴他乡、异地求学，好强的我总是希望在大学里能够获得更多的东西，于是常常寒暑假留在当地实习，没有回家。

平时，我并不太爱和同学一起出去玩耍，和舍友相处也比较淡。毕竟每个人的追求和步调都不一致，不能强求别人和自己一样。我也更喜欢一个人去图书馆，不受打扰，无拘无束。宿舍对于我来说，也就是个睡觉的地方。

但是，每次寒暑假，当她们都搬离寝室时，看见空落落的房间，我心里却有着数不尽的寂寞与感伤。一个人出门或晚归时，总有说不出的孤单。

我喜欢独处时的宁静，但却偶尔会为自己一个人的形单影只而暗自神伤，尤其是疲惫了之后。我一直在想，这样的我到底是更喜欢一个人呢？还是更害怕一个人？

直到后来才渐渐明白，虽然都是一个人，虽然都是孤单，但内心充实的孤单是孤独，而内心空虚的孤单则是寂寞。当我充满朝气的时候，当我生活节奏紧凑的时候，虽然是一个人，但却是我独自思考、反省的最好时机；若是我心情惴惴、无事可做时，一个人的世界则是寂寞的王国。我想即使这个时候有人，寂寞的心灵恐怕也感受不到他人的存在。

孤独或是寂寞其实与你是否是一个人无关，只和你对待生活的态度有关。

值得庆幸的是，在工作之后，感到寂寞的次数越来越少。

在工作不太忙的周末，我会让自己睡一个懒觉，洗漱完毕，为自己准备一份早午餐。每个星期的风味一定是不同的，我发现厨艺不仅让我更加具备女性特质，同时还让我更加热爱生活。原来食物的力量不仅仅是吃下去才能感受到，更体现在你用心烹饪它的分分秒秒。

用餐过后，我会选一部电影看，可以是前不久的院线大片，也可以是小清新的文艺片，总之，按心情来挑选，看完后，也必少不得一篇影评。不在于写得有多好，反正只是留给自己看。我会假设自己是故事中的某某主角，如果换做是我，我会让故事如何发展。

下午精神状态比较好，我会梳理一周的工作内容，做个工作小结。不是为了应付谁，就是提醒自己，这一周有哪些进步，哪些地方又没有做好。若是有需要补充、完善的地方，趁着周末也可以把拖拉了一阵的工作尾巴给扫扫干净。

我感到很庆幸，我的这些爱好是如此容易实现，也不需要任何人陪伴，规律起来的生活也让我内心变得更加强大，足以面对一个人的生活。

朋友相邀出去聚会，若是特别要好的小型聚会便也欣然前往。若是和不太熟的朋友或仅仅是工作关系的聚会，我则能推就推。我总觉得，很多人明明不熟，却还要假装热情是一件多么虚伪的事情。

既然我们是工作关系，那么有什么事工作时间说清楚、解决完就好了，没必要和生活牵扯一起。平时一句复制粘贴的问候也就够了。

我见过太多的人，因为工作关系，明明可能不是一路的人，却渐渐变成了朋友。可是时间不会说谎，时间长了，对方的缺点便再难忍耐，反而变成了敌人，影响了工作。

我想，万事万物，各居其位，才是最好的相处方式吧。

社交网络能够解救你的孤单？

不知道什么时候开始，各种影视播放软件都开始自带弹幕功能。有人说，弹幕是一个人的狂欢，一群人的孤单。

为什么弹幕会这么火？因为我们现在都独自宅在家里看片了，不像从前和一群小伙伴，大家可以对着一台电视机，边看电视边讨论剧情，而现在只有你一个人对着电脑屏幕，没有人同你一起哭，没有人同你一起笑，就连曾经会和你争得面红耳赤的那个隔壁邻居家的小伙伴也不会再有了。

于是，弹幕应时而生，屏幕上闪过的那些吐槽，就好似千千万万个坐在你身边一起嗑瓜子分享剧情的朋友。虽然我们彼此不认识，但却有了情感上的共鸣。我们得到了暂时的陪伴。我们没有再如此孤单。

我记得曾经采访过一个虚拟恋人的题材。不采访不知道，一采访吓一跳。在淘宝网上，搜索“二次元朋友”等关键词，可以出现相关的商品多达3 000多件。而根据统计，2014年9月至今，超过上万人次在网上购买过虚拟恋人，甚至有不少人选择了重复购买。

所谓“虚拟恋人”，也可以叫做“二次元恋人”或“手机里的恋人”，恋人的陪聊定价通常在1小时5元，1天20元，包月800元上下浮动，“虚拟”指的是服务形式主要依托微信和QQ这两款社交工具。“虚拟恋人”一般通过文字、语音交流，给予对方关心与鼓励，而其性格定制也基本上是二次元术语，如：傲娇萝莉、可爱邻家、清新萌妹、御姐妹子、霸道总裁等。

尽管绝大多数人都明白，虚拟恋人不过是一场情感交易，谁也不知道对方的真实身份，人品和背景更是无从考证，彼此也不会像真实恋人那样相互信任和尊重。但仍然有买家真心投入其中，最后被有些虚拟恋人为达到“泡妞”“占便宜”的目的而利用。

然而，相比于由真人扮演的二次元恋人，一款由微软研发的名为“小冰”的人工智能机器人可谓是更接近电影中的虚拟恋人：ta，24小时在线，通过理解对话的语境与语义，对任何问题都能进行秒回，同时用户也可以给ta换上自己心目中恋人的头像和名字。据微软官方的数据显示，二代小冰已经累计拥有超过一千万个主人，上线半年，对话六亿次，月人均对话1 200句。

小冰的项目负责人李笛在接受媒体采访时就表示，小冰其实就是中国网民在互联网上的一面镜子，根据微软数据显示，小冰的使用高峰在半夜，晚上的11点半至1点半之间，可以看出，不少在城市中的大学生和刚参加工作不久的年轻人，苦闷、孤单和寂寞是他们每天面对的必修课。

无论是淘宝上真人扮演的虚拟恋人，还是小冰这样的智能恋人，无疑都是孤寂情绪下诞生的荷尔蒙产物。而这种情绪，正在城市中蔓延。种种社交替代者的出现，解释着这个时代的城市生活。如今，活跃账户数突破4亿的微信正很好地诠释这一切，正如一个网络段子所说："每天早晨，人类从微信中醒来，不刷牙、不洗脸、不下床……第一件事，用各种各样的iPhone、iPad、三星、HTC、联想、OPPO……奔向同一个App：微信。每天早晨，每个草根和屌丝，都突然找到了皇帝批奏折的感觉，要浏览比真皇帝的奏折还要多得多的微信留言。"

DCCI互联网研究院院长刘兴亮也是个微信重度用户，他曾说："我们（通过微信）联系别人不仅是为了减少焦虑，也是在追求一种存在感。"

获得"存在感"大概是绝大多数患有微信依赖症的用户共同的心声。但是，你真的找到"存在"了吗？

采访中，一名"95后"大学生李梓告诉我，她在微信朋友圈留下一句，"存在感已不在，不必再刷"后，就删除了自己"朋友圈"的剩余内容。李梓说，自己对朋友圈中的"广告软文""心灵鸡汤"甚是反感，而她也被沉没在了这繁杂的万千信息中，"每个人都在不停地发内容，几分钟就可以刷新一页，而我的内容其实根本没人关注，这个时候，我很失落。"

有人在社交网络上找到了归属，也有人因为社交网络变得更加孤单，"因网络而孤单"和"因孤单而上网"这两种观点至今被社会学家讨论着，"网络是否能够治愈孤单"至今也没有定论。但电影《HER》以女人工智能离去，留下宅男面对孤单真实人生的结尾，也许能够给我们一些思考。

Part 5

每一个逐爱的女子，都在荆棘里前行

其实，无所谓遇见的方式，相亲也好，邂逅也罢，是你的他，总会出现。

是你的他，总会出现

最近，身边很多同龄人经常奔波在相亲的路上。相亲是中国最传统、最快捷的寻找伴侣的方式，短短数十分钟，男女双方的个子、位子、票子、老子、房子、车子……一一摆上台面，相互审视博弈，看起来就如同一场生意买卖，大家都直奔主题而来，只要说得过去，只要彼此付得出对方想要的价码，只要彼此不讨厌就先接触着呗。

这样的模式，也遭到不少人的吐槽，有的人觉得极其不靠谱，但仔细想想，好像除此之外，我们也找不到更好的办法来结识适婚年龄的异性了。

那么，相亲到底靠谱吗？我想说说小朋的故事。小朋是我的一个室友，这个冬天，她搬了出去，住去了她的男朋友家，如果不出意外，明年中旬就要结婚了。

小朋，都市白领女青年，不对，还得加上“大龄”二字，大龄女青年，再说得难听些，就是时下常被拿来开玩笑的“剩女”。一所普通二本学校本科毕业，出来工作6年，从小职员已经混到了项目负责人，工作能力很强，长得还不错，肤白个高，但一直没有男朋友。

据小朋说，她也是交过男朋友的。嗯，只是据她所说，她交过男朋友，不过我跟她合租的这三年里，她的的确确就是一个人。

女人一旦到了三十，可能嫁出去的难度就会陡增好几个台阶，这个时候，哪怕小朋不急，她父母也都开始着急了，给她策划各种相亲派对。小朋对父母的这种安排，有些排斥，她决定在今年之内，一定找一个男朋友带回家。

最快的方式大概就是通过相亲社交软件，物色猎物，然后彼此见面相处吧，也就是我们常说的相亲。

小朋的第一个相亲对象是个医药公司的销售经理。本以为会油嘴滑舌的人，没想到挺老实，至少在小朋看来，“他都不怎么会开玩笑，我觉得这样的男人挺好，踏实。”

小朋和他约在市中心的一家商场门口见面。两个人走了走便找到一家休闲饮品店坐了下来。“我选了最便宜的饮料，他看了很长时间的价格表，最后选了和我一样的饮料。”小朋说，对方的这种选择让她隐约感到这个男人也许会很铁公鸡，“不过，这也可能证明他很会过日子嘛！”

但是，接下来聊天的话题让小朋没有办法接受。“我们聊天一半的时间，他都在聊他的前女友，说他还是很爱她，但是女方家里没办法接受他的经济状况，毕竟他没房也没车。”我知道小朋是不在意对方的经济状况的，但一个男生在自己的相亲对象，即潜在的未来妻子面前，喋喋不休地说自己多舍不得自己的前女友，估计哪个女生也受不了。

第一次相亲就这样在两小时内迅速夭折。

不久后，小朋开始约了第二个相亲对象。小朋总还是对未来充满期待，总认为下一个一定会是自己的白马王子。但现实是残酷的，小朋怎么也没想到，第二个相亲对象更糟糕。“太奶气了，很难想像一个男生到了30多岁还把‘妈妈’‘妈妈’挂在嘴边，我们要去吃饭，他要问他妈妈的意见，我约他去看电影院，他要问他妈妈的意见……”

即使小朋下定决心要好好认真交一个男朋友，但她也怎么都不能接受这样一个“恋母情怀”严重到失去自我的男人。

就这样小朋约了一个又一个相亲对象，最后都无疾而终。在三十岁生日那天，小朋对着生日蛋糕，像是发下誓言般地许了一个愿：下一个对象，我必须和他交往！再差也要交往！

小朋抱着破釜沉舟的心情见了第八个网友。两个人约在咖啡厅见面。据小朋说，那天先是一个穿着精致的男生走向了她。“我那时真的是心里乐开了花，看他走来我时，我觉得这个生日愿望一定成真了！”小朋说。

“你好，请问你是陈小姐吗？”男人问了小朋。小朋那时心情简直跌落到了谷底，原来，他要约的不是她。

几乎同时，一个又矮又胖的中年男人走了进来，冲着小朋哈哈笑：“你是小朋吧？”嗯，没错，原来小朋的相亲对象正是眼前这个中年男人。这顿饭，小朋吃得很失落。中年男人告诉小朋，他在当地经营着一家公司，希望小朋能辞去工作，跟他一起经营。

“靠，我自己的工作好好的，凭什么啊！”小朋说，“何况，我们才第一次见面，他提出这样的要求合适吗？”尽管小朋心里有千百个不愿意，但是小朋还是决定抱着赴死的决心，结束单身，和这个男人交往。

中年男人生意繁忙，小朋和他谈恋爱在一起的时间并不多。“他似乎很满意这样的相处方式。”小朋说，“我也觉得OK，反正婚姻就是两个人过日子，也许这个世界根本就不存在建立在爱情基础上的婚姻。”小朋有些消极。

有一天，男人忽然跟小朋提起了结婚的事，小朋吓了一跳，虽然自己知道未来肯定会和这个男人结婚，可是这一切都来得太突然了，没有勾过小手，没有接过吻，甚至连基本的求婚过场也没有走过，就被突然告知要办理结婚证。

“结婚？可是你并没有向我求过婚啊。”小朋对男人说。可是男人给出的答复是：“不结婚，你相亲干嘛？”

简直是猫与狗说，根本不在一个频率上！小朋很生气。那几天，小朋请了假，去到大理思考人生了。回来后，她做了一个在现在看来绝对正确的选择：分手！

从那以后，小朋决定再也不相亲，因为被这8次相亲彻底伤到了！小朋甚至被闺蜜调侃是“相亲女王”，虽然只是一句玩笑话，但小朋心里确实很不舒服。

12月，小朋回到老家，参加母亲的六十大寿。让小朋没想到的是，在母亲的寿宴上，有一个熟悉的陌生面孔——上次那个在咖啡厅被认错的相亲对象！更没想到的是，这个男人竟然是母亲准备在寿宴上介绍小朋认识的对象！小朋母亲怕小朋拒绝她介绍对象，只好借自己的寿宴来撮合小朋的婚姻。

“这么巧？上次在咖啡厅时，我就想，如果那个人是你就好了！”男人笑着对小朋说。原来，那一次在咖啡厅，这个男人也是去相亲的。

“很高兴认识你！”这一次，小朋没有辜负母亲安排的相亲，她在心里说：我也曾想，那个人是你就好了！

后来听小朋说，这个男人原来跟她是老乡，男方的大姨正好是母亲原来的老同事。真是无巧不成姻缘！

小朋的故事说完了。小朋相亲了9次，8次的失望而归让她认为相亲极其不靠谱，然而，就是这个对相亲彻底失望的姑娘最后恰恰也是在自己最排斥的父母安排的相亲会上解决了自己的终身大事。

其实，无所谓遇见的方式，相亲也好，邂逅也罢，是你的他，总会出现。

陪你走到最后的，为什么不是他？

前些天，张小姐突然打电话给我，说她心情有些难受，因为李先生要结婚了。

我说，你要结婚干嘛难受呀？

张小姐说，是李先生要结婚，但结婚对象不是她。

“你们……分手了？”我惊得竟然说不出话。张小姐和李先生的爱情，承载了我对爱情所有的期待，我们所有朋友都只等着两个人结婚的消息，谁能想到这对我们班的模范情侣竟然会分手！

张小姐和李先生，两个人青梅竹马，一起高中毕业，一起大学毕业。高考那年，为了不和张小姐分开，明明可以考取北京一所名牌大学的李先生毅然在高考志愿表上填上了本地的一所大学——因为张小姐在这里。

张小姐读书时成绩不是很好，而李同学则是班上的班长。李同学坐在班上第三排中间的那个位置——那个最好的位置，那个只有特优生才能做的位置；而张同学则坐在班上的倒数第三排，即使她的个头并不高。在那个成绩即一切的学生时代，他们俩几乎是没有交集的两类人。

我依然记得，是张小姐先追的李先生。当时，追求李先生的女生不少，高高的个子，会打篮球，会写诗歌，会弹吉他，数学也是极好的，人聪明，却不自负，总是谦逊有礼。张小姐总是故意想尽各种方法接近李同学，什么借铅笔、借笔记、问问题……都用过了一遍。当然，这些根本吸引不了李同学，因为如是做的女生太多了。为了引起李先生的主意，最后张小姐甚至想出了把李同学的作业集“偷走”带回家的办法，这回总归是让两个人有了“纠缠”的机会。

不记得是从什么时候开始，李先生好像开始和张小姐走得很近了，体育课自由活动时，总是能看到他们俩单独相处的身影。大概是在高二那年，李先生的好哥们儿，在班上对着张小姐大叫了一声“嫂子”，两个人的关系彻底公开明确了。

高考前，李同学的父母知道了他们的恋爱关系，为了不影响孩子的高考，千方百计阻挠两个人在一起。也许是因为青春期的叛逆心理，外界越是反对，内在就越是团结，即使多次被老师、家长轮番约谈，他们依旧手牵手。

为了让张小姐能够得到更多的考分，让两个人尽量进到一所高校，李同学为张小姐抄写各种笔记，于是李同学那本谁也借不到的“错题集”，有了副本。

也许爱情就是这样，会让人心甘情愿地做自己不喜欢的事，会激发起个人内在自己都不知道的潜力，总之，张小姐也没有辜负李同学的付出，从班上的后进生一跃成为班上的前十名。

张小姐和李先生之间的爱情，从不被接受，不被祝福，最后，也总算修成正果。大学四年，也许是张小姐和李先生最快乐的四年，两个人虽然念的不是一个专业，但总是在一个学校里，大学期间相对自由，两个人相处的时间更多了，形影不离。

到他们分手时，爱情马拉松已经跑了8年了。分手后，直到今天，张小姐依旧单身。而李先生已经结婚半年，和一个只认识两三个月的女孩。八年的感情最后居然输给了不过两个月的新鲜，让我们所有人都感到唏嘘不已。

我问张小姐："这些年，你们怎么就不结婚呢？"

"我也和他提过，可是他总是认为，应该立业在先，成家在后；他总说，要自己什么都有的时候，才娶我，这样才不会委屈了我。"张小姐说，当时自己也没有觉得这样有什么不好，反正两个人都已经相识、相知、相恋、相爱这么多年，哪会争这一朝一夕的长短。

于是，两个人便都没再将结婚提上日程。

直到时间长了，人类喜新厌旧的本性也慢慢显露了出来。琐碎的生活终于还是把两个人的爱情和激情都慢慢磨灭了，任何一个小分歧都能成为两个人分手的导火线。

其实，张小姐和李先生之间并没有什么太大的矛盾。只是逃不过"李先生只不过是一个普通男人""张小姐也只是个普通姑娘"这个事实。李先生也会和别的女生说说笑笑，张小姐越是爱李先生，越是笃定两个人的关系，就越不心安。看着李先生和其他女生之间的眉眼往来，张小姐的心一点一点变冷，因为那些笑容和眼神曾经专属于自己。张小姐开始草木皆兵，患得患失，她开始翻李先生的通话记录，寻找李先生晚归的蛛丝马迹……庸人自扰，自讨苦吃，张小姐终于被自己打败了，李先生也终于对张小姐说出了“分手”那两个字。

李先生始终也没有邀请我参加他的婚礼，据说，他没有告诉任何一个同学他要结婚的消息。我私下揣测，大概他也知道，他和张小姐分手，是多么令人感慨的事情。

我们常常在青春电影中看到这样的情节，无论是《致青春》还是《匆匆那年》，学生时代的爱情最后都没有办法开花结果，因为我们不成熟，因为现实太残酷，即便曾经是那么彼此相爱，即便曾经多么非你不可，最后都会输给时间。

爱情：要么趁早，要么认输

爱情吧，要么趁早，要么认输。

学生时期，喜欢上了一个男生，喜欢他在阳光里打球时大汗淋漓的样子，喜欢他早读时背着老师抄作业的样子，喜欢他第二节课用课本挡着脑袋打瞌睡的样子，喜欢他在教室后面丢纸团砸我脑袋时坏笑的样子……不知道从什么时候开始，这个男生的一颦一笑，一举一动，都牵动着我的小心脏。

我在心里开始编织起我和他的童话：有一天，等我们长大了，我们或许会重逢在某个城市的某个角落，又或者会在回乡的火车上遇见，一起回忆我们的学生时代；有一天，他会和我手牵手重新回到那个小得只够跑800米的校园，拉着我一起去见我们共同的高中老师，告诉他们，我们在一起的消息；有一天，同学聚会时，我们会同时出现在饭馆门口，然后一前一后地走进去，在同学们面前假装偶遇，享受着这种只有我俩知道的小秘密……在日记本里，我把他写进了我的未来。

可是，现实中，我却不肯和他多说一句话，即使他也会常常逗我，即使朋友们都说他也喜欢我。我总是在想，现在的我，既不够漂亮，成绩也没有太好，这么平凡的我，还不足以让他喜欢。再等等，等我长大，等我变得足够优秀，我会让他知道我有多喜欢他，我要让他在我们爱情最初开始的时候，就记住我最完美的样子。

于是，英语不好的我，拼命做习题、背单词；于是，我努力看各种时尚杂志，学习里面模特的妆容。我假借写同学录，搜集他的各种资料，刺探他的各种喜好。明明比较喜欢喝酸奶的我，开始每天只喝他喜欢的可口可乐，因为他说，喝可乐比较容易开心；我会在他生日的凌晨，小心翼翼地发出一条看似漫不经心的“生日快乐”；我会偷偷撕下他作业本的某一页，没事就拿出来临摹他的字迹；知道他的血型是AB型，我甚至还用生物老师教的基因遗传理论，分析我们未来孩子的血型概率。

学生时代的我们好像都特别敏感，仿佛我的心思全世界都知道了，同学们总爱拿我们起哄：“XX，XX，在一起，在一起！”我假装生气，内心的花园却如同被大雨滋润了一整晚，千树万树地开起了花。我更加确信：长大，我和他一定会在一起！

没过多久，我们高中毕业了。他成绩比较好，去了远方的一座城市，而我留在了离家乡不远的地方，总之，我们异地了。我不仅很难再看到他笑起来时迷人的酒窝，也很难听到同学们拿我们开的玩笑，直到最后在他的空间里看到了另一个女生的模样，据和他去了同一所学校的同学说，这是他现在的女朋友。

同学告诉我，这个女生也很喜欢他，喜欢得热闹非凡。他打篮球，她就去送水；他出了汗，她帮他擦汗；他学习忙，她会为他打饭；他生日，她还送了他自己亲手做的生日蛋糕：她毫不遮掩对他的喜欢，而他也欣然接受了。

知道这个消息的那个晚上，我失眠了，躲在宿舍的被窝里面整整哭了一宿，舍友跑来安慰我，说："放弃吧，还会有更好的。"可是我心里那种不甘心，她们是不能理解的：因为他还不知道，我也亲手为他做过各种小玩意，我也在他打篮球的时候准备了一瓶瓶饮料，在我的抽屉里，堆满了写给他的情书，只是这些都还没来得及送出。"不，我还有机会，当他知道我为他付出了这么多的时候，他一定会感动的，他一定会回到我的身边！"我在心里默默对自己说。

直到大三的那个寒假，班级组织了一次高中同学聚会，他带来了他的女朋友，那个为他打饭送水的女孩。我能看得出，他真的很喜欢这个女孩，女孩也相当爱他，同学灌她酒时，他会为她挡酒，同学开他玩笑时，她会替他解围……

那一时刻，我知道自己彻底输了，我再也进不去他的世界。那天，我也喝了很多酒，晚上回到家里，趁着酒意，我给他发了信息：XX，我喜欢你！

他回复得比我想象的快：谢谢你，可我已经有女朋友了，你是我们青春中不可替代的好朋友！

他给我下了定义：好朋友。对，因为我不曾在爱情有火星的时候努力去点燃，因为我太谨小慎微，因为我总是想等一切都准备好，再来表白，所以我把一段自己期待了多年的爱情亲手葬送。

爱情吧，要么趁早，要么认输。

女生总是早熟，男生总是简单

这是一个高中女生的故事，故事的女主角叫小瑶。

认识男孩的时候，小瑶并没有对他有什么特别的兴趣。这个男生很瘦，不是她喜欢的类型。在小瑶心里，她喜欢的是那种强壮的高高大大的男生，能带给自己安全感。

在那个以成绩论英雄的年代里，每次考试都第一名的小瑶自然也看不上任何男生，“因为他们都太弱了”，小瑶渴望遇见更强的对手，所以她对未来的男朋友的标准也是一定要比自己强，让自己能有得仰望。

高二的一次月考，小瑶不再是第一了，而第一就是这个瘦瘦的男孩。小瑶说，当时她很恼，她觉得这个人很讨厌，抢了自己的风头。她更不能接受的是，那次月考后，老师安排男孩坐在了小瑶的前面，目的是让两个人相互竞争，共同进步。

小瑶才不要共同进步呢，她要考第一，“一定要把这个男生比下去”，小瑶在心里暗暗发誓。

那天上自习课，小瑶遇到难题了，和同桌讨论，讨论的声音越来越大。突然，正当两个人讨论得面红耳赤时，男孩回过头，嘻嘻笑，故意拉长声音："这都不知道啊，我来教你。"碍于情面，尽管心里有一万个不愿意，她也只好假装谦虚地说："好。"

下了课，男孩像个孩子一样喜欢在教室后踢瓶子，因为老师禁止同学踢球打球，这些人就找尽一切办法耍。每次，小瑶看到了，都要在心里冷笑一下：怎么这么幼稚啊？一不留神，他还会拿一团纸抛在她头上。"喂，你可不可以正常点？"小瑶很烦这个男生，很生气地冲他吼。

每天早晨来上课，男孩都要带好多吃的，一袋面包，一碗粉，一盒奶，一个苹果。一个人，早上怎么能吃这么多？小瑶每天都觉得好可笑。他在她眼里，简直就是一个笑料。

"喂，你吃这么多，怎么还不见长肉啊？"小瑶嘲笑道。

"你以为都和你一样啊！"男孩一边坏笑，一边用筷子指着小瑶。

其实小瑶不胖，属于中等身材，她想不明白为什么男孩总是要这样说她，让她很没面子。

偶尔，到了晚上，小瑶还会突然接到一个陌生电话。

"喂，我是公安局的，你犯了点事，现在我们要对你进行一下回访……"电话那头传来一个陌生男子的声音。

小瑶接到电话的时候，确实愣住了，直到两三秒钟后，才知道，原来自己被耍了。打电话的正是这个男孩。

"你能不能不要这么幼稚啊。"虽然小瑶已经慢慢习惯了和这个幼稚的小鬼闹来闹去，但是大半夜接到一个这样的陌生电话，怎么也会有点恐惧的吧。

“好吧，问你几道题……”原来他是来问题目的。

毕业后，小瑶考得不是很好。而他出国了。那年暑假，她和好友一块出去，两个女孩在一起就喜欢讨论班级绯闻。

“其实我觉得他喜欢你，大家都这样觉得。”好友对小瑶说。

小瑶的脸刷地就红了：“别瞎说。”

“我说真的。他都不怎么和女生说话的，就喜欢逗你。”听好友这么一说，小瑶倒真的觉得好像有那么点事。

“你知道吗？他有胃病的，每天都不能空腹，所以要带很多吃的。所以他怎么吃都不会胖。”朋友继续说着男孩。

朋友的这番话，让小瑶突然想起了一件事：有一天，小瑶和男孩开玩笑说，自己没吃饭，男孩便毫不犹豫地把自己的早餐让了出来，而她却悄悄地扔了这份早餐，因为她吃过了。那天早上，他一直没说话，趴在桌上睡觉，被老师骂了，之后他妈妈被老师叫来学校后，居然对他没一点惩罚，这件事就没了。小瑶一直都觉得这件事很奇怪，现在好像都明白了：他有胃病，当然老师不会责怪他，而造成他胃病疼痛的，正是她的恶作剧。她突然觉得心里痛痛的。

忽然间，小瑶觉得这个男孩有那么点可爱，她好像有那么点喜欢他。

男孩八月就要飞国外了，走前，她想把自己的心思告诉他。她在

QQ上和他通讯，却遭到了拒绝。

男孩给出的原因是："我一直把你当姐姐看。"是的，她比他稍大一岁，她突然才意识到自己的行为多么的幼稚，她居然会相信他喜欢她，她居然忘记了自己的年龄。可是她不甘心。

"那你对我这么特别？"她把好友对她说的话重复地向男孩说了一遍。

"我是对你不一样，因为其他女生，我都没当朋友，而我很佩服你，我把你当姐姐看了，像自己家人一样，你人很好啊，成绩又好，我很佩服。"

隔着电脑，小瑶的泪水已经模糊了整个面庞。突然间，她明白了，原来女孩永远比男孩早熟，男孩对你好，其实很简单，只是朋友、兄弟，而女孩却常常把它细腻化、暧昧化，升级成爱情。

不是不相信爱情，是不信天长地久

最近，J发来微信，说自己恢复得差不多了，下个月大概就会回来了，打心底替她开心。

J这一年过得委实太苦了，人也憔悴了不少。每每看到她在QQ空间发的照片，都感到十分心疼。曾经那个每天出门必须化妆半小时，为了保持身材坚决吃饭不加盐的J变得皮肤粗糙蜡黄，肚子上也有了游泳圈。

我私下揣摩，大概是被生活磨得吧。一年前，J和她老公分手了。如今，一个人带着宝宝，又要上班又要养家，实在不容易。孩子也挺可怜，还这么小，就没有了爸爸的疼爱。

曾何几时，J的爱情故事，让我们羡慕不已。J和她的前夫是我的大学同学，在很多人一毕业就分手时，他们选择了步入婚姻的殿堂。一年就有了宝宝，过着闲云野鹤的日子，四处游历。

可是，一年后，他们也像被社会的高离婚率传染了一样，也分道扬镳了，悲惨的故事结局和电视剧的狗血剧情一样，他出轨，你抓狂，吵闹，撕×，自杀。

很多同学知道了J的事，都留言说：不相信爱情了。可是，我觉得他们错了，不是不该相信爱情，只是不该相信天长地久。他在追求J的时候，是真爱呀，那时候，除了J，他从来不跟其他女生靠近；每天围着她，逗她笑，她的心情就是他的晴雨表；为了送J那条她想要的项链，在节假日，他到超市兼职，通宵打工……不仅是J，我们这些好友都被他感动得一塌糊涂。

现在的年轻人，还能如此的有几个？犹记得毕业那年，J在一个晚上突然发了高烧，第二天早上又吐得不行，我们看得着急，就和他打了电话，毕竟他是本地人，对当地的医院熟悉些。但我们不知道的是，他那时正在进行入职笔试，他一直想去的那家外企。

他想也没想，半个小时，就出现在了J的面前，没有任何抱怨，也没有说自己放弃了那场自己期待已久的考试——而这些都是后来从他舍友那里才得知的。

可是，他要离开J了，也是真的要离开。无论J如何挽留，他都头也不回。她的那些曾经让他心疼的泪水，流了那么多，他再也不会替她擦拭；他们爱的结晶，那个可爱的小宝宝，任凭其如何哭啼，他也没有驻留片刻；J尝试做那些他曾经赞不绝口的佳肴，他一口也没吃。那些爱情攻略上说的“抓住男人的心，先抓住的他的胃”，在此刻统统失效；他曾信誓旦旦在她面前说的“别哭，我会心疼”，在这时也没有一丝作用。

爱情本来就无章法可言，人心更是深不可测，那些山盟海誓，在现实面前，显得那么单薄。婚姻从来不是爱情的保鲜剂，一纸婚书，不仅没有保存他们的爱情，甚至也没有为他们的婚姻保驾护航。

前段时间，J突然对我说，自己实在承受不住了，生活的压力让她直接想一头撞死。我劝她，想想孩子，她也说顾不得那么多了。为了让她心情能好些，我偷偷替她定了张去西藏的机票，据说那是个治愈圣地，希望她能够好起来吧。

最近，J发微信来说，自己恢复得差不多了，打算下个月就回来，我真心为她开心。我也相信，她是真的好了，看她在朋友圈发的那些照片，显而易见，那个神采奕奕的她，的确回来了！同时，我还在她照片里时常都会看到一个高瘦黝黑的男生。

我打趣问："那人谁呀？"

"男朋友。"J说道，同时还发了个得瑟的表情过来。我顿时确信不疑：她真的都好了，毕竟除了时间，新欢是治疗失恋的最佳良药！

不过，开心之余，我也感到有些诧异，因为这时间实在是太短了，才两三个月，J不仅从离婚的阴影中逃脱出来了。而且，还找到了新欢。

"你打算啥时候再办喜事儿呀？说好了，我可不会再包红包哦！"我调侃着J。

等了很久，J终于才回复了一条语音，声音有些弱，淡淡地说："可能不会结婚了吧，我和他都是这样想的。"

J的一番话，让我不禁陷入了沉思，其实想想也是，这世上最不缺的就是爱情，而能天长地久的感情却是一种奢侈。既然这样，不如，爱时就轰轰烈烈，离开就潇潇洒洒，享受当下，才是生活的最佳途径。

待你不再任性，会有人陪你看细水长流

与男朋友分手后，我开始了一段背包旅行，住的大多数是青旅，也因此认识了不少有故事的人。

在西双版纳的一个青旅，我认识了一个从广州来的姑娘。姑娘说是自己已经独自走了小半年，为了给自己的青春告一个别，这个青春是她相恋四年的男友。

他们是网上认识的，那一年姑娘高三。也许是迫于学习的压力，又或者是因为青春期的叛逆，她觉得没有谈过恋爱的高中是不完整的青春。于是，便在QQ上和一个陌生男孩玩起了暧昧游戏。

男孩比姑娘稍大，在广州念着大学。他劝姑娘：要以学业为重。每次看姑娘上线，总是免不了问姑娘：考试怎么样？功课复习了吗？作业有没有难题？

姑娘觉得男孩是真心对自己好，慢慢真心喜欢上了这个男孩。姑娘偶尔会问问男孩一些数学问题，男孩总能很快地做出答案，和标准答案的最优解法一模一样！

男孩真聪明！姑娘更是对男孩芳心暗许。她决定要去广州，和男

孩在一起。

顺利地，姑娘考上了广州的一所高校，论起排名，估计要比男生所在的高校还要好。总之，两个人终于顺利地在一起了。不仅没有父母的阻挠，还受到了同学们的祝福。

一个人去到陌生的城市，能被什么都比自己懂的男朋友照顾着，真好！

大学的一切都让姑娘感到新鲜。女孩热衷于各种活动，渐渐和男孩走远了。有一回男孩为姑娘特地悄悄准备了圣诞礼物，想送来姑娘学校，给她一个惊喜。可是，有惊却无喜——姑娘正在参加社团组织的化妆晚会。

姑娘玩得很开心，笑容灿烂得像一朵花，但花刺却刺痛了男孩的心。他有点怒气地走上前："之前，不是说好今天我来找你的吗？"

"快来，一起玩！"姑娘完全没有意识到男孩的愤怒之情。

男孩把花一甩便走了。

姑娘觉得有些莫名其妙，这人脾气怎么这么大？"有本事，你就别回来！"姑娘朝着男孩离去的背影大声喊道。

于是，两个人陷入了冷战。

朋友们都劝姑娘说，这件事儿确实是姑娘错了，认个错吧。

姑娘才不要呢！姑娘心里认准了男孩一定会主动认错的。的确，男孩确实每次都主动认错，对姑娘宠得不行。两个人一起出去吃饭时，总是姑娘挑着菜点，然后点了一大堆吃不完，却要硬逼着男孩把它统统吃光；男孩送姑娘的礼物，姑娘若是不喜欢，便说男孩没眼光，扔到一边，男孩总是笑嘻嘻地捡起来对姑娘说："我错了，我错了，下次一定挑个有眼光的。"国庆小长假时，姑娘和男孩都要回家，可是姑娘社团有个活动得耽搁两天，男孩为了帮姑娘拖行李，硬是把自己回家的票给退了……

反正，每次都是他妥协，反正她知道他一定会妥协，终于，他还是如期妥协了。但这一次，她却不知道竟是最后一次。

那一年姑娘大三，而他毕业了，去了武汉工作。两个人开始异地恋。男孩渐渐也离姑娘远了，没有那么经常来找姑娘。

也许是姑娘玩累了，大学也不再如此新鲜，她便慢慢开始依赖起了男孩。也许是男孩不再缠着她，哄着她了，她总觉得少了些什么。有一回，她给男孩打电话，实为撒娇却又假装生气地质问道："你自己说说，多久没给我电话了？"

"你不是不喜欢我缠着你吗？"男孩语气有些冷。

姑娘一听，那个火大呀，他居然敢这样对我说话！"啪"地就把电话给挂了。

一会儿，男孩发来信息说："对不起，亲爱的，我错了，最近工作压力有些大。"

可是姑娘却回复说："你多厉害，翅膀硬了，以为我不会和你分手是吧？"

姑娘不止一次对男孩提出过分手，反正只要不开心，"分手"二字便是姑娘的口头禅。

很久，男孩没有回音。再然后，当姑娘正准备睡觉时，男孩发来了短短一句：好的。

什么？是他要跟我分手吗？姑娘不敢相信，也弄不清楚这“好的”二字到底是指什么含义，但姑娘始终认为，一定是他发错了，即使没有发错，他也不敢真的说分手。

姑娘以为两个人会冷战一段时间。她以为只要自己不妥协，胜利就在望。她总想着，自己必须是女王，如果结婚前都不能hold住这个男生，结婚后一定会成为家里打扫家务的黄脸婆。

可是过了两个月，男孩依旧没有来哄姑娘。姑娘有些怕了，给男孩发信息，也都没回。直到她来到武汉，来到他的工作单位，看到他牵着另一个姑娘的手，迎面向她走来。

她傻了。她在心里咒骂这个男生的不专情，她在心里把男生砍了一次又一次。终于，她鼓起勇气，打通了男孩的电话。这一次，男孩接了。

“你在哪儿？”姑娘问。

“有什么事吗？”男孩冷冷地说。

“我来武汉了。”姑娘假装镇定。

“哦，那你找好住的地方了吗？你来干嘛？”男孩问。

“你要不要过来？”姑娘说。

“哦，我就不过去了吧。不方便。”男孩说，“我们已经分手了。”

这个时候，姑娘的眼泪止不住地往下流，但姑娘始终是好强的，

“哦，那算了，我们舍友过来一起玩，她们想请你一起吃个饭，毕竟你们也都认识，既然你不方便，就不必了。”姑娘说完，赶紧挂了电话，以免暴露自己的伤心与不安。

异地恋，果然不靠谱。网恋，果然是假的。男人，全都会出轨。姑娘在心里这样告诉自己。

直到大学毕业，姑娘搬离宿舍时，无意间在床垫底下发现了一枚戒指，姑娘突然哭得不成样子。戒指当然是男孩送给她的。她想起了男孩送她戒指时的场景。那是她二十岁的生日，男孩连续打了几个月的兼职，给她凑钱买的一枚戒指。生日那天，男孩和姑娘舍友约好，由舍友带姑娘来外面用餐，男孩突然出现，跪下求爱，予以惊喜。

然而，姑娘并没有给出男孩想要的回应。看到男孩单膝跪地，手捧戒指求爱时，她大手一挥，把戒指甩在了地上，“你怎么都不跟我商量，就让我在同学面前出丑？”

好在，在同学的圆场下，姑娘终于接受了这枚戒指，戴在了左手上。男孩看到姑娘戴上戒指的一刻，开心得不得了，大声喊道：“我一定会对你好的，老婆！”

姑娘有些不好意思，又偷偷把戒指摘了下来，娇声说道：“看你表现。”

后来，姑娘突然找不着戒指了，她以为戒指掉了，还不敢告诉男生，没想到竟然在床垫下找到了这枚戒指。

“如果分手那天，他和我道歉，我说的不是‘你多厉害’，而是

‘我也错了，没有体谅你工作多累’，也许我们就不会分手；如果，不是我一直对他如此霸道，也许他也不会放弃我。说到底，终究是我亲手毁掉了我们这段感情。”姑娘对我说道。

姑娘说时，我分明看到了她眼角的泪水。

这个场景让我想起了《失恋三十三天》的一个片段：小仙儿看见前男友陆然为她准备的隐形眼镜药水时说：“看到药水的那一刻，我突然明白了，原来在这段感情里，没有人全身而退。我曾经是陆然的梦想，关于未来的每一幕里，他都希望有我的出演，而到了结尾时，我们统统惨败，我毁掉的是他关于我的这个梦想，而他欠我的是一个本来承诺好的世界。”

姑娘说，她怕是再也找不到一个这么爱自己的男生，而自己也将不再青春，她希望这段旅程能够帮助她从失恋中走出来。

我拍拍她的肩，对她说：“会的，等到我们都不再任性，我们都学会珍惜他人时，一定会有人陪我们看细水长流。”

Part 6

关于爱情，有太多要说

有多少人能够承诺爱一个人一辈子又真的身体力行了呢？当努力了好多年依然没有结果的时候，谁还会一直等你呢？人都会累，累了就会停下追逐的脚步，生活里没有谁为了谁而一直等待的。

不是所有姑娘都喜欢坐宝马车

在网络上曾经看到过这样一篇文章，名字叫做《那个和你一起吃路边摊的姑娘，为什么没有陪你走到最后》，引起了很多人的共鸣。

文章的主角是D小姐和S君，一对普通的青年男女，毕业后在一个办公室工作，后来恋爱了，很常见的办公室恋情。一段工作结束后，S君提出到别的城市去闯一闯，D小姐二话没说，打包行李就跟他走了。又过了几年，他们觉得在这个城市发展得也不怎么好，于是双双回到了原来的城市，再再然后，两个人分手了。

偶然的机会，作者问起两个人分手的原因，跟大多数苦逼男一样，男主角将分手的原因归结为经济问题。而在问D小姐的时候，D小姐则说是由于自己家里突遭巨大变故时，S君表现得比较孩子气，给予支持也有点不那么给力，让她自己一个人独自回家解决。然后再加上后面发生的一些事，促使了D小姐开始下决心离开。D小姐说，她实在太伤心了。

如果用世俗的眼光简单来审视这件事，一个女孩离开了一个穷小子，旁人大都会发出“这个姑娘嫌贫爱富”的感叹，乃至谴责，又有谁会想到，文中的D小姐，23岁的时候跟着S君，四处漂泊，居无定所，她甚至还在S君失业时一个人赚钱养家，你能指责这样的姑娘是为了坐宝马车才离开S君的吗？

其实，很多姑娘并不是嫌贫爱富，当她离开这个穷小子时，为什么不问问是不是男方除了穷，还有很多其他方面的不足呢？

举个例子来说，姑娘下班后回到家在你面前突然哭了，你问她，怎么了，她跟你说某某同事在背后打了她的小报告，这时你是会安慰她说“乖，等咱们有钱就离开那破地方”，还是会说“你怎么这么娇气，至于么，我们不都是这样”，或者你是否因为事情不大而仅仅敷衍地安慰了两句，又去打游戏闯关了呢？

前段时间，有部叫《北上广不相信眼泪》的电视剧引起了一番收视热，由马伊俐主演的女主角潘芸，因在剧中对丈夫赵小亮呼之则来挥之则去的态度，再加上与上司于德伟暧昧不清的感情线，没少受到观众、网友的指责：这不是出轨这是什么！以至后面剧情，潘芸选择和赵小亮离婚时，更是让很多观众接受不了，感觉挑战了自己的道德底线。

但为什么不换一个角度看看这件事呢？赵小亮内心自负而能力不足，总是做一些游走在法律边缘的事情，自己的计划、行动也是各种瞒着妻子，潘芸发现一点就挤一点，不发现的坚决不说，哪一个太太能够承受得了？

女人只要平稳真实的生活，希望老公嘴里说实话，不想每天怀疑猜测。潘芸不是没有爱过赵小亮，曾经她很爱很爱，所以在赵小亮一无所有的时候，选择嫁给了赵小亮，因为都是草根起家，所以努力工作，甚至为了一单业务不惜喝下了一箱白酒；在上司对她表白时，她曾义正词严地告诉对方，任何一个喜欢她的人，她都会视为想要破坏她婚姻的敌人，她会不遗余力地反击。

可是赵小亮呢？他每次只会草率、自负、冲动地做各种决定，然后还把妻子拖下水；他只会在落入监狱后乞求潘芸想办法救他，甚至不惜让潘芸去陪其他男人睡……

不是所有姑娘都愿意坐在宝马车上哭的，有很多好姑娘她也愿意选择一个穷到勒紧裤腰带的男人过一生的，如果她有一天离开了你，不要一概归为经济问题，想一想是不是你让她一点一点失望，一天一天流泪，最后把眼泪流干了。

这世间，谁是谁的备胎？

同性才是真爱，异性只是繁衍后代。不知道从什么时候起，这句话好像经常出现。虽然是句玩笑话，却不乏透露出了当下不少人对爱情的抱怨。于是，“人生若只如初见，何事秋风画悲扇”之类的句子，常常被文艺青年们拿来刷屏。之后，各种爱情攻略、两性分析之类的书频繁出版，而且几乎都是销售大户。

据说，《女人来自金星，男人来自火星》《把妹圣经》《迎男而上》是写得比较好、发行量比较大的几本，于是很多人抱着“一统天下”的心态，读了《把妹圣经》，呵呵，然并卵。截至目前，依旧单身。

为了让那些没有读过此类书的朋友们以最快的速度了解其中精髓，我总结一下书中主要观点，其中一条就是“渔场管理”，指的是，实际上并未交往，却像交往一般保持暧昧关系，同时管理身边更多异性的态度或行为。其出发点在于：怕错过更好的交往对象，所以不想在一棵树上吊死。说实话，这个观点并不新鲜，早在若干年前，渡边淳一在其《情欲课》一书中提出的“只追二兔者不得一兔”，讲得就是这个道理，他表示，要广撒网，重点培养。

对于此类观点，早些年，我也抱着半信半疑的态度，至少它在论证上看似是合乎逻辑的。这就好比我们消费买东西时，我们往往也会先物色众多可供选择的方案，将其罗列出来，再精心挑选，从中选择最优。

可是，越到后面越发现，这个逻辑不能这样推理。说个自己身边的故事。在某一天，有一个朋友突然很悲伤地告诉我，有个追了她很多年的男孩喜欢上另一个女的了。而且，这个女的居然是个离了婚带着个女儿且比他还大几岁的老女人。女友哭了很久，说实在不明白他为什么为了这么一个女人放弃她，他说过要爱她等她一辈子。

女友的这个故事，让我思考了很久，后来终于慢慢明白了。你想，这个男孩追求了她很久，而她却一直犹犹豫豫地就那么相处着，只把人家当好朋友，不把人家当男朋友。人家都看不到希望，看不到明天，心里一定很累很累，而在这个时候另一个女人出现了，对他关怀备至，他内心的情感天平出现倾斜那是很正常的。

有多少人能够承诺爱一个人一辈子又真的身体力行了呢？当努力了好多年依然没有结果的时候，谁还会一直等你呢？人都会累，累了就会停下追逐的脚步，生活里没有谁为了谁而一直等待的，如果有，那时间也是短暂的，他们不过是因为还没有遇到那个让他放弃的人，并不是存心去等待谁。只是我们习惯了欺骗自己——他爱我，就会一直等着我。

女友的“鱼塘管理”策略完全失效，最后终于让她错过了一个好男孩。

我知道女友为什么哭得那么伤心：我们都能勇敢地面对你爱的人不爱你，但是谁都无力面对当一个爱你很久的人转身离去。那种骄傲、那种幸福的荡然无存。

所以，还是像歌词唱得那样吧：愿得一人心，白首不相离。好好珍惜现在爱你的人，把握当下最现实的幸福，因为有一天当他真的离开了，你会发现，离不开彼此的，是你，不是他。

一日不忠，此生不用

逛论坛，看到一个女人连载自己的情感故事，暂且叫这个女人宝妈，因为发起这个帖子时，她刚刚做了试管婴儿，肚子里的宝宝已经有几个月大了。

宝妈和丈夫是小学同学，毕业后几年没有联系，一次偶然在街上遇到，才开始了他们的恋爱。起初，他们的婚姻并没有得到宝妈家里的认同，毕竟男方没有稳定的工作，只是在一家放高利贷的公司打工。然而，宝妈依旧坚持要和这个男人一起生活，小情侣一起努力坚持，恋爱三年，终于获得了家人的首肯。

结婚后，宝妈和公婆住在一起，公婆对宝妈很好，说她乖巧懂事，晚上也爱拉着宝妈一起压马路。看起来一切向好的生活，让宝妈很满足。

事情开始发生变化，是从宝妈想要孩子开始的。宝妈说，自己怀了几次，不是流产就是宫外孕，最后医生告诉宝妈，可能她很难再怀上了。心里本就难过的宝妈看着公婆失望的眼神，更是心里愧疚得很，于是她跟老公说想做试管婴儿。

试管婴儿很成功，宝妈很快又有了新宝宝，在大家的欢笑声中，却独独少了宝宝爸爸的兴奋与快乐。宝妈说，大概就是那个时候，她开始慢慢察觉到了丈夫对她态度的转变，“他变得傲慢，我变得不爱说话”。

一次丈夫在浴室洗澡，手机突然响了，是宝妈接的电话。“你躲什么躲呀，我都为你流产了！”还没等宝妈开口，电话另一头就传来一个陌生女人的声音，那声音刺耳得让宝妈差点窒息。

宝妈没敢说话，赶紧挂了电话，这个时候，手机的短信又来了几张彩图：一张是粘了血的床单，一张是医院的化验单，还有一张是丈夫和一个女人的床照。

等丈夫洗完澡出来后，宝妈也没遮掩，直接把照片放到丈夫面前：“说吧，怎么回事！”

“你想怎样？”男人先是一愣，随即而来的又是那副傲慢的态度。

“你就没有解释吗？”

“我跟她就是玩玩，没想到她还是个处女。”丈夫的这句话刺痛了宝妈，让宝妈突然说不出话，因为跟丈夫在一起时，她已经不是处女了，对此，她一直感到对不起丈夫。

当晚，宝妈回了娘家。有人劝宝妈离婚，可宝妈心里还是爱着这个男人的，更何况孩子是无辜的，怀上这个孩子也很不容易，拿掉实在舍不得，如果不拿掉，离婚也就意味着孩子一出生就没了爸爸。可是，如果不离婚，手机里的那些照片将永远成为宝妈心里的一根刺，拔也拔不出来。要不要离婚？孩子还要不要生下来？这两个问题日日夜夜折磨着宝妈。

就在宝妈进行思想斗争之时，公婆带着儿子——宝妈的丈夫，一起来到了宝妈家。一进门，两个老人还没等宝妈说话，“蹬”地跪在了地上，乞求儿媳妇千万要保住孩子，看在孩子的份上千万不要离婚。公婆两人已经六十多岁，身体也不好，看着这两个老人老泪纵横地跪在自己面前，宝妈实在不忍心拒绝。

“我保证不会有下次了。”在宝妈犹豫之时，丈夫也“扑通”跪在了地上，拉住宝妈的手如是承诺。

那个晚上，对于宝妈而言，是个漫长的夜晚，经过了几个小时的考虑，宝妈最后答应了公婆的请求。“我让他签了一份离婚协议书，他自己先签上名字放我这儿，如果有下次，我一签字立马生效离婚。”宝妈说。

后来，很长一段时间，宝妈都没有再跟帖了。直到最近，宝妈发了一条简短消息：那张离婚协议终于还是生效了，我们离婚了，他最后还是又出轨了，又是跟一个处女。

有好奇的网友问详情，宝妈只是说，这次男方也没有挽留，说这个女孩为他怀上了孩子，他不能对不起她，因为她还是处女。“这些年，我为他一直付出，竟最终还是抵不过一个‘处女’，对于男人来说，处女就这么重要吗？”

有网友劝宝妈，孩子已经这么大了，离婚也要考虑孩子。宝妈说：“这些年，因为之前的那件事（出轨），我们之间的矛盾已经越来越大，两个人之间的信任度几乎为零，他只要回来得晚了一些，我就会想他是不是又到外面‘偷吃’了，而我只要质问他，他就总说‘你跟我在一起之前不也早就跟过别人了’，这话也实在让我心寒。宝宝，我会继续带的，谢谢各位关心。”

宝妈的故事，虽然值得同情，但却并不少见：几乎所有遭遇丈夫出轨又妥协继续在一起的姑娘，最后过得都不幸福。记得有人说过：“外遇就像蟑螂，你逮到了一个，还有千千万万个躲在角落里。所以，一次不忠，百次不用。”我觉得很有道理，正所谓“江山易改，本性难移”，一个男人一旦动了出轨的念头，就很难拉回来了，因为他已经不爱你了。

最后想对姑娘们说，一旦发现另一半出轨，千万不要犹豫，不要妥协，不要舍不得，越早放手，越早解脱，记住：一次不忠，此生不用！

爱若卑微就算了

小张是我的一个学妹，长得实在算不上漂亮，却有个很帅气的男朋友，一时间被学校很多女生羡慕。当然，也有不少人在背后议论，小张男朋友怎么会看上她。

据说，是小张先追这个男生的，每天按时给男生送早点，有事没事送男生礼物，男生最开始其实是拒绝的，但后来耐不住小张的“死缠烂打”，最后两个人成为了朋友，但也仅限于朋友，只是经常会带上小张一些参加些朋友间的聚餐。

男生家境不是太好，经常会晚缴学费，有一次班级要报名去外地一家企业做实习，男生一直犹犹豫豫的，差一点错过了报名时间。小张是个心思特玲珑的姑娘，就自掏腰包私下给男生报上了名。

也许是因为大男子主义，不想被别人瞧不起，男生知道后，竟然把小张骂了一顿，甚至说：“你是我什么人啊，凭什么管我的事？就算你报了名，我也不会去的！以后有多远，你就离我多远！”

尽管被男生如此羞辱，小张竟没有生气，依旧笑嘻嘻地哄着男生，说：“我知道你不想去，可是我想你陪我去啊，要不然我得几个月见不到这么帅气的脸了!如果你不要去，那我也申请退款好了！”

男生没有回话，也没有申请退款，日子如往常一样，只是两个人的关系陷入了僵局，无论小张怎么哄，怎么巴结，怎么死皮赖脸地找他说话，男生都不搭理她。

日子很快到了外出实习期，小张因为“贿赂”了班长，顺利和男生分在一个组里了，两个人朝夕相处了整整20天。

“既然你这么喜欢我，就做我女朋友吧。”实习期结束时，小张终于意外收获了那句期待已久的话。

小张开心坏了，对男生更好了。其实，小张家也算不上有钱，父母都是工薪阶层，每个月能给到小张的生活费也不过一两千。小张自己省吃俭用，一旦存了些钱就给男生买各种礼物，什么耐克的球鞋、阿迪的球衣、电子游戏机、最新款的手机……男生慢慢也习惯了接受小张的好意，在潜意识里认为，自己是“屈尊下嫁”给小张的，小张做的这一切都是理所应当的。

一个愿打，一个愿挨，本来也挺好。可是就在两个人要毕业的那年，小张却无意间在男生的手机里看到了男生和一个女生很暧昧的照片。

“你说说，这到底是怎么一回事？”小张很委屈，质问男生。

“哦，我以前高中的同学，高考后，我们交往过一段时间，那是我们以前的照片。”男生说。

其实男生的回答并不足以让小张相信，照片里的男生和现在那么像，一点也没有高中生的青涩，而女生也是化了很明显的妆容的，怎么可能是高中时期的嘛！但小张也不敢继续追问，她也不知道自己在害怕什么，是怕自己知道真相接受不了，还是害怕真相被戳穿后，男生会和她分手。她不敢面对真相，只能强迫自己相信男生的说辞，继续自欺欺人，她实在太爱这个男生了，没有办法离开他。

小张告诉自己：就算男生和这个女生还暧昧着，但只要他不明说，就说明男生选择的还是她，只要她继续对男生好，总有一天，会把男生彻底感化。

可是小张的如意算盘打算了，没过多久，男生竟然找到小张说："我们分手吧，我不喜欢你了，很感谢你为我做过的一切，我会永远记住你"。

失恋一定是这个世界上最好的减肥产品，一个月内，小张瘦了10多斤。毕业论文也没好好写，甚至一轮答辩都没有过。

就在小张准备二轮答辩之时，男生竟然又找到了小张，说："对不起，我还是觉得你比较好，你能不能原谅我之前的行为，重新和我在一起，我保证不会有下次了。"男生乞求小张的原谅，说当时前女友跑来找自己，他想起了很多高中时期的故事，毕竟这是他的第一次恋爱，他年纪也小，所以有了动摇，分不清自己到底爱谁多一些，现在他通过和前女友的再次交往，他确定了，他比较喜欢的还是小张，小张才是真心对他最好的那个人。

这一番话，男生说得是那么诚恳，小张想，其实这也好，只有经历过风雨的感情才更加坚固，男生的这一次出轨正好可以让他知道自己才是最适合他、最爱他的那个人。

男生的重新归来，让小张士气倍增，顺利毕业，小张也因此感激男生，她在心里暗自认为，一定是这个男生还很爱她，一定是这个男生不忍看她堕落，所以才会选择在这个时候回到她的身边，让她的人生重新见到彩虹，男生是上天送她的礼物，这份礼物失而复得，她一定要好好珍惜。

毕业后的小张和男生同居了，小张父母找了关系，帮小张进了一家律师事务所工作，虽然工作内容都是打杂，但小张依旧特别珍惜这份工作，勤勤恳恳做好每一件事，公司领导都还比较满意她，不久后也给她加了薪水。而男生是那种心很大的年轻人，总想着干一番惊天动地的大事业，所以高不成低不就，最后什么工作也没找到，他对小张说，他要自己创业。

陷入爱河的女人都是盲人。在小张眼里，这个男生也应该是做大事业的人，她支持男生所有的决定，把自己辛苦挣的薪水以及问家里要的资助统统给了男生，让他进行创业，即使这受到了家人的一致反对。

男生是有些本事的，又遇上了好时机，创业项目进行得很顺利，既然事业也好了，那爱情自然该结果，小张父母主动找男生提了希望两个人结婚的要求，男生当面没说什么，却回到家里对着小张发了一顿脾气："要结婚你干嘛不自己跟我说，我现在不想结婚！"

男生的理由是公司正在起步阶段，不应该在这个时候被其他的事情打乱计划。小张认为也很在理，就没有再提，还私底下乞求父母不要再提此类要求。然而，就在这个时候，小张却无意间在逛街时，看到了男生搂着另一个女生！这个女生就是男生公司的一个设计师。

小张心痛万分，这次她彻底伤了心，找到男生说："分手！"小张的父母也为女儿遇到了这么个渣男而心疼，对男生说："撤资！我们拿钱给你创业，你就是这样对我女儿的吗？"

大概是舍不得自己辛苦经营的公司，男生竟然当着小张父母的面，跪在了小张面前乞求原谅，哭得稀里哗啦："对不起，我错了，我保证不会再有下次，我就是一时鬼迷了心窍，我马上解雇这个女的，你原谅我吧，我们结婚！"

毕竟小张的整个青春都给了这个男生，毕竟小张对这个男生还有着很深很深的感情，小张再次原谅了他，两个人结了婚。

后面的故事，想必很多人都能猜到，他们的婚姻生活并不美满，一年后，小张怀孕了，而男生又出轨了，小张说要离婚，男生乞求原谅，看在孩子的份上，小张又原谅了……一次又一次，每一次男生都是那么信誓旦旦地保证是最后一次，每一次小张总会想出一个借口来说服自己原谅男生。

直到去年，男生出轨又被小张发现了，这一次小张本也以为会惯性地走个"男生道歉，她继而原谅"的流程，但这一次男生却很意外地没有再道歉了："我们离婚吧！"

发生的一切，小张都没有办法接受：他不是要道歉吗？他不是会乞求原谅吗？他怎么敢提离婚？他不要我们的孩子，我们的家了吗？

尽管小张怎么也不答应，男生依旧要离婚，甚至找来了律师，发来了律师函。

虽然小张想不明白为什么男生这次会这么决然，但其实我们局外人都看得很清楚：事实上，这个男生从来没有爱过小张，最早是被小张的付出所感动而答应交往，后期是离不开小张的资助而继续在一起，而此时男生翅膀已经硬了，他早就不需要小张那点可怜巴巴的工资给他支撑，小张曾经的付出也在岁月的打磨中被渐渐遗忘，他此时只想找他的花天酒地。只可怜了小张，整个青春全部付出给了这个男人，如今被离婚，带着孩子也难以再嫁，成天在家里以泪洗面。

小张的故事告诉我们：一个男人不爱你，就是不爱你，即使你如何付出，他都不会爱你。和不爱你的男人结婚，就好比是天生有缺陷的受精卵，流产夭折是迟早的事。姑娘们，爱若卑微就算了。

好姑娘为什么也会变成小三?

做过一档情感电台节目，有听友微博私信给说了她的故事：

她是一个长得有些姿色的姑娘，家在南方的一座小县城，来到大城市念了研究生。2008年，研究生毕业，成绩优异却没能找到如意的好工作。家里托人帮她介绍了一个同县城出来的老乡，希望老乡能够给这个同在异乡的姑娘一些帮助。

说来，这个老乡确实也小有成就，人到中年，开了一家不大不小的公司，年收入也有小几百万，在当地县城也是个人物。

老乡托关系，帮姑娘进了一家上市公司。姑娘是知恩图报的，为了感激老大哥的帮忙，逢年过节都会送礼给这位老乡，得知老乡喜欢锻炼身体，便也在有空的时候陪着他一起快走。姑娘当时是真的没想到还会有后面的故事。

就这样相处了两年之后，老乡突然对姑娘表白，说自己喜欢她。姑娘那时吓坏了，她只把这个男人当作自己的大哥，或者说是小叔叔都行。男人已经四五十岁，和她差了将近十六岁。于是，姑娘开始回避这个男人。

可是男人依旧不依不饶继续示好姑娘：约姑娘吃饭看电影，送姑娘礼物、购物卡，时不时发来温情短信嘘寒问暖。姑娘多次拒绝男人的邀约，但在一个寒夜，她妥协了。

那天，姑娘工作出了错，多填了订单，导致公司遭受损失。就在姑娘哭得稀里哗啦的那个晚上，就在姑娘不知道该如何弥补自己过失的晚上，男人适时打了一个和平常一样的“问候电话”。

听到姑娘的抽泣声，男人立刻赶到了姑娘家里，抱着姑娘安慰她。那宽厚的肩膀，那温暖的怀抱，那关切的态度，顿时融化了姑娘的内心，让她觉得有人疼真好。一个人在异乡苦惯了，姑娘最终没能招架住这个男人的“关心”，即使她一早就知道男人有妻子，而且这个妻子也是他们的老乡，据说是男人刚到这座城市打拼时就跟了过来。

在一起几个月后，男人的妻子发现了他们的关系。但让姑娘意外的是，男人的妻子并没有像电视剧上那样大吵大闹，后来，姑娘听这个老乡说，他们是有名无实的夫妻，早就没有了感情，现在也是大家各过各的。男人承诺姑娘：等他们的孩子上了大学，他就和妻子离婚！

姑娘算了算，这位老大哥的儿子也已经高三了。不就是半年的时间么，她可以等。姑娘感到胜利在望，爱情在望，婚姻在望，她似乎看到了未来美好的未来，原先还会担心自己的身份问题，没想到被发现关系后，反而是雨过天晴，一片晴好。

盼呀盼，姑娘终于盼到那个孩子高考完了，她也终于对男人提出了要他离婚的要求。男人却说：“你就不能再等等嘛？等孩子去了大学就离。”于是，姑娘继续等，反正也就暑假两个月的时间。

日子一天一天过去，终于男人的儿子正式念大学了。

“你们什么时候离？”姑娘问。

“孩子还小，能不能等他成年？”男人说。

等孩子高考完，到等孩子成年，到等孩子大学毕业……男人，每次都能找出新的拖延离婚的理由。而姑娘也每一次都觉得毕竟自己是第三者，应该做些妥协，男人对她也好，只要两个人相处愉快，多等几年又何妨。

直到姑娘也怀上了孩子。当姑娘将这个消息告诉男人时，得到的却不再是男人那熟悉、温柔的回复，而是冷冷的一句“拿掉吧”。

故事到这里就差不多结束了，姑娘问我：“还有一年，他的孩子就大学毕业了，你觉得他会离婚和我在一起吗？”

“其实你自己已经有了答案。”我回复姑娘说。

我们心里其实都清楚：这个男人到时候不知道又会编出一个怎样的理由拖延离婚，因为他根本就不想离婚。他很享受这种“齐人之福”，反正妻子也不闹，外面的也好哄，何乐而不为呢？

姑娘的故事并不特别，朋友的，朋友的朋友的，我听过类似的故事不在少数。所有的故事都有一个共同点：女孩往往最初都知道自己当小三是不对的，所有的小三都是从想要一点点温暖开始的，所有的小三都是被甜言蜜语、糖衣炮弹一步一步欺骗沦陷的，所有的小三都是被骗上床之后越陷越深，然后自欺欺人的。

这位姑娘，如今已经三十多了，最后打掉了孩子，离开了这个男人，也离开了这个她曾经幻想过美好未来的城市，这个她打拼了将近十年的城市。

打磨属于你的绩优股

有个朋友，今年已经要读博士了。大概是太会念书的缘故，思考很多事情都很全面，继而犹豫不决，在对待男朋友这件事上也一样。

最近，她想跟交往了6年的男朋友分手，用她的话来说，“这个男生太不成熟了”。

朋友说这番话是有她的道理的：

“我跟他讨论我们的未来，他跟我观点不一致，但也找不出反驳的理由，竟然大半夜把我丢在路边，自己回家。”

“他请我朋友吃饭，因为看不惯我朋友的一些举动，居然吃到一半就突然走了，让我和朋友都非常尴尬。”

“我生病了住院，他倒好，就在家打游戏机，到了吃饭的时间也不会帮我买饭，就等着我父母送来，如果我父母不送，我就饿一顿。”

“快30岁的人了，也比我年纪大，但我们在一起，却总是我照顾他居多，他现在连自己的内裤都不会自己洗，不是我洗，就是他妈帮他洗，要不然，就直接和外衣一起扔到洗衣机里。”

……

朋友可以列出上百条男友的罪状，来证明“这个男生不成熟”。“我们都已经20多岁的人了，如果结婚得早，孩子都上幼儿园了，他这样不成熟，真的能成为我的好归宿吗？”朋友说，“其实，追我的人很多，其中不乏年轻有为、成熟体贴的，我要不要重新考虑下？”

“那你为什么还继续和这个男生交往呢？为什么没有另谋出路？”我问朋友。

“最近，他变好了一些，对我也体贴了一些，所以我觉得还能继续过，但是我心里不确定，他这是一两天的兴起呢，还是真的‘改邪归正’？”

我能够理解朋友内心的焦虑，任何一个优秀的姑娘大概都希望能够遇见一个优秀的伴侣，可是亲爱的，你有没有想过，如果他今天已经风情万种，那他得经历了多少姑娘啊？

人生下来都是自私的，没有谁与生俱来就有关心他人的条件反射，也没有谁能够从小就成熟稳重，他的每一次成长的背后可能都有一个伤心的故事。遇见过很多人，走过很长的路，懵懂的男孩才能成长为男人。

如果今天这个男人成熟稳重、温柔体贴但却历尽千帆，有过很多前女友，你是否又能安心接受，不猜测不嫉妒呢？当你的一颦一笑、一举一动他都能一手掌握之时，你是否又会感到这个男人十分可怕，生活是不是也瞬间少了很多乐趣呢？我们都希望自己的伴侣能够纯洁无暇，没有故事，却又暗自埋怨他不解风情，不明白自己的小心思，天底下哪有这么好的事？就好比你怎么能苛求一个香甜柔软的香蕉又拥有青翠美丽的果皮呢？

鱼和熊掌不可兼得，选择了一个没有太多故事的伴侣，自然也要接受他不解风情的一面，但是你要相信，他总有一天也会变得成熟，也会变得稳重，只要你肯耐心打磨。

从某种程度上来讲，能拥有这样一个男孩，也是一种幸运。因为上天送给你的是一块璞石，你想让这块石头变成怎样形状的玉，全凭你自己决定。

你有属于你的绩优股。

别想靠他，一劳永逸

如今，每每到了七夕、光棍等节日，各大网络社区都会推出自己的招牌“脱单会”，形式是花样百出，但最吸引人的往往是“这里有富豪”。换句话说，这俨然成了“富豪选妃”日。美女们的积极性是超乎预想的，一个个年轻貌美的姑娘扎堆往里钻。为了选出合乎要求的女性，主办方更是不择“手段”——从整形专家到命相大师，有的甚至用上了测谎仪器。

当然，也有网友在网上大批这些相亲机构，说这简直是人格侮辱！美女们在台上演戏，“富豪”们在台下看戏！怎么就没有人质疑“富豪”们的信息真伪？

然而，尽管骂声一片，这些相亲会依旧是如火如荼地开展着，并且是办得风生水起，终年不断。那些貌美如花的年轻姑娘仍然非常热衷于报名相亲，在富豪面前极尽所能——看来这样的“相亲会”还是很有市场的。

仔细想想，其实原因也很简单，就是在现实生活中，许多女孩都害了“富贵病”，总想着嫁个有钱人，当个阔太太，既然这样，牺牲点个人隐私又有何妨。

可是，海选相亲，嫁入豪门，真的这么简单吗？事实上，一般男人在30岁之前要想有所作为并非易事，但是绝大多数男人却会在30岁之前洞房花烛夜，能成为富豪级别的也必定是大叔了。有女子道：“我不介意！”但是，如果你当上的只是小三呢？有知情人的朋友就曾经明确告诉我说，在很多富豪相亲会上，不少所谓富豪都是有妇之夫，去相亲只不过是为了搞婚外情调剂。

当然，也不排除确实有些精干富豪，要么年轻有为，要么富二代，要么为了事业错过了青春里的爱情，但是这样的成功男士，会轻易看上你吗？其实女人重物质，往往是使这些男人敏感的缺点。

我曾经采访过一个有相亲经历的富豪，他告诉我，普通人找个称心的对象不容易，而“我们也有我们的困难”。他说：“我毕竟是离过婚，还有一个三岁的女儿。现在对新的婚姻肯定要更谨慎一些，所以寄期望于专业人士，能帮我选择一个优秀的。现在的社会可以说没有不物质的女孩。其实物质没关系，关键是它最起码要建立在有爱情的基础上——如果只是看物质，我肯定不喜欢。比如说，平常生活中，送一些价值两三万的包包，我是可以接受的。但是，如果一个女人还没有结婚就想完全靠男人养活着，我会很反感。”事实上，女孩子是把钱放第一位，还是把感情放第一位，那些大亨们心里都能有个判断。

当然，也不否认有些姑娘确实靠着“相亲”，嫁入了豪门。可是嫁入豪门后的生活是怎样呢？外人看到的只是出嫁时的浩荡车队、百万婚纱、千万彩礼，而豪门生活的背后究竟是幸福还是酸楚？恐怕只有当事人才知。

港姐冠军朱玲玲的“豪门婚姻”悲剧收场便是一个很有代表性的案例。以世俗的眼光来看，朱玲玲嫁给富二代霍震霆无疑令人艳羡。然而，正当大家都以为朱玲玲是这场豪门婚姻里的赢家时，她却提出了离婚。豪门生活，冷暖自知，霍氏家族的家规非常严格，为了尽心竭力照顾3个孩子，朱玲玲一直没能外出工作，不仅如此，她甚至不能过问丈夫在外面的行踪。长期有名无实的婚姻，最终还是以朱玲玲的一纸离婚书结束了。

且不说霍氏家规到底是否合理。可是一个人要融入另一个人的生活，兴趣相投十分重要。霍震霆习惯了“品质”生活，饮食颇为讲究；朱玲玲却是邻家女孩，喜欢吃街头小吃。所以，即使朱玲玲多次要求霍震霆和她一起去尝尝市井美味，霍震霆都是不屑一顾。同样，要适应霍家“不轻易抛头露面”的家规，像朱玲玲这样一位受过高等教育的知识女性，是无论如何也很难接受的。虽然，这年头早就不提倡“门当户对”了，但思想合拍，却依然是两个人在一起生活的必然要素。

有人打了一个很有趣的比方说，其实，这个世界上男人分两种，一种是高跟鞋，一种是运动鞋。固然，穿上高跟鞋会使得整个人光彩夺目，引得众人艳羡，可却是异常受罪的。运动鞋虽然不能在正式场合穿，但却舒适合脚，而且不可否认的是，在日常生活中毕竟还是运动鞋最受欢迎。

所以，姑娘们千万别想着有朝一日，找个有钱人嫁了，然后一劳永逸，这世界从来没有白吃的午餐！

嫁给王子？你是个公主吗？

富豪梦这个话题，想多聊一聊。因为现实生活中确实不单是姑娘抱着嫁入豪门的心态，甚至有些已然嫁做人妇的姑娘，心里依旧有着那颗“豪门梦”的种子，一旦有“高富帅”给她浇了些水，那颗种子就生根发芽，最后导致了一个又一个家庭的不幸。

我并不是危言耸听。有个网友，就曾经在微博上和我讨论了这个话题。她说她觉得对丈夫很愧疚，她也知道这样不好。但是如果不这样做，又觉得错过了这次机会，对不起自己，万般无奈之下，她还是强行要离婚，把财产都留给了丈夫。高富帅对她确实也很好，但却迟迟不肯给她婚姻，即使她已经怀了他的孩子，也不肯给她名分。一步步走到今天，她很后悔，觉得还是老公好，可是她已经没有脸再回到那个家里了。

既然姑娘已经万分后悔、愧疚不已，我也不好指责太多，毕竟她已经得到了教训。或者说在某种程度上，我是同情这个姑娘的。在她的文字叙述中，我只看到她如何如何描写这个高富帅的社会地位、经济实力，满满的都是羡慕，却没有爱意。很显然，她并不爱这个男人，但她却为了这个男人活生生地毁掉了她那个原本温馨的小家。而姑娘之所以这样做的原因，完全是因为她的不自信，即她的自信完全取决于外界，而不是内在。

她会觉得嫁给了高富帅，自己好像也在某种程度上提升了一个档次，自己也是那个圈子里的人了。她是自我太过于空虚，以至于要试图吸取对方的力量来获得自我的完善，提升自己的价值。也正因为如此，她觉得自己需要一个各方面都异常优秀，具有超强能力的完美配偶，这样或许她才会有些心安。

可是，亲爱的，这样的你却可能导致自己越难得到心中想要的配偶。比方说，这个优秀的男人，他为什么迟迟不肯娶你，为什么迟迟不肯带你回家？这只能说明，他也只是玩玩你罢了，至少现下的你，对他而言并没有足够的吸引力，让他带你回家。当然，这一点你也看到了，所以你后悔了。

有人把爱情比作是一个圆，说每个人都是一个或大或小的圆，这类人就好比一个有着一块凹陷的圆，她们的凹陷越大，越古怪，她们就越难找到一个和自己匹配的对象。这一块凹陷就是她们的人生黑洞，由她们幼年时的创伤和成长中的挫折所导致。当然我们能够理解她们试图通过感情来填补自己的人生黑洞，可是，能够填补你人生黑洞的人，自身也多半是畸形的，或者是庞大到这点小小的畸形不足以影响全局。只是前面一种好找，后面一种难寻。诚然世界上存在这样的人，但是你遇到他的概率太小太小。只有把自己历练成一个完整的圆，你才更容易在人生的旅途上顺利前行，能走得更远，视野更为广阔，更容易寻觅到另一个完整的圆。

住贫民窟的人和百万富翁的幸福感，其实相差无几。很遗憾你目前没有让自己幸福的能力和试图让自己幸福的动力。

当然，并非所有有富豪梦的姑娘都是上述心理。也有可能你是真的被富豪所吸引，就像偶像剧里演的，不是为钱，而是为爱。事实上，喜欢高富帅原本就是人的一种本性。心理学上就认为，人的心理机制跟人的很多生理结构一样，是“适者生存”的产物。在人类演化的历史长河中，由于男性拥有的某些特质而使女性能够更成功地生存和繁衍后代，这些特质就慢慢被挑选出来作为女性择偶的条件，并逐渐在女性的心里打上了烙印，使女人天生就觉得具有这些特质的男人是最有魅力的。而这些特质正是：高富帅。

所以，女孩们单纯因为“高富帅”的因素爱上某个男人是一件很正常的事。但无论如何，要想拥有灰姑娘般的传奇爱情，首先也必须拥有灰姑娘女王般的内心。所以，最后我们来看看那些童话中的灰姑娘到底是怎么才变成公主的吧。

童话中，灰姑娘虽然饱受继母和姐姐们的不公平对待，但也从来没有放弃过生活，保持着自己独立的人格。虽然没有华丽的外衣，但保持清洁的妆容，虽然没有丰富的菜肴，但也不让自己饿着肚子。现实生活中，很多女孩因为生活不如意，便自甘堕落，不思进取。试想，倘若以这样的态度生活，即使遇上了王子，王子是不是也要被这不堪的面目所吓跑?

最重要的是，灰姑娘懂得矜持。即使遇见了那个让自己神魂颠倒的王子，午夜之前一定要离开。多少恋爱中的姑娘，对爱情的进度和尺度完全没有把握，三五天时间就如胶似漆，一不小心就与男人同居同床，更甚者，有些姑娘，为了挽留某个男人，主动投怀送抱。然而，这些姑娘的下场却无一不是输得一干二净。

轻易和男人发生关系的女人，往往是不被男人重视的。性的给予，意味着女人身体和身份双重神秘感的消失。在男人心目中，处女代表着并不复杂的过往，代表着一种冰清玉洁、自尊自爱的暗示。相较于处女，男人们会认为，有过性经历的女人更容易出轨，因为人的体验越多，出轨的几率也会随之增加。因此，那些为了“钓上金龟婿”而不惜裸露身体、大秀身材的姑娘，往往也不是富豪的菜。

我们并非鄙夷所有害了“富贵病”的美女，只是希望每一位灰姑娘在迈入豪门之前先把自己修炼成值得被爱的女子。

趁单身，好好修行

因为前男友的缘故，我绕了半个中国来到一个熟人也没有的昆明工作。在陌生的环境，他是我唯一认识的人，对他的依赖与日俱增，所以在他离开我的时候，我突然感到世界都崩塌了，生活里那个唯一可以分享快乐与忧愁的人也没有了，不会再有人在我无聊时陪我逛街，也不会再有人在看电影时陪我分享可乐和爆米花，我不知道寂寞时该找谁陪伴，伤心了又说给谁听，自此，我的生活被迫一个人经营。

尽管我用工作填满了我的整个白天，可是到了晚上，从单位回到家里，一种空落落的寂寞依然会向我袭来。我唯一的处理方法，就是百无聊赖地打开电脑，刷微博逛空间追韩剧，可即便这样，躺在床上时，依然是睁着眼睛，整夜整夜地失眠。日复一日，精神空虚，缺乏生活动力，如是恶性循环。

直到在一个失恋群里遇见K。相比其他人都在群里各种自怨自艾，K更像是我们的精神导师。她说，她每一次分手后的那一年，她都不会交新男朋友，而是用来清理旧情绪，完善自己。她会挑上一样一直想做却一直没有做的事情来完成，比如钢琴，比如瑜伽，比如芭蕾，又比如去一个陌生的地方。她说，因为失恋，如今她已经走遍了中国大半的山河，也读完了几十本经典小说，如今，她靠着这些积累正开始写她的“旅途见闻”。她说，每一次失恋后的修行期都让她变得更加优秀，而下一次的恋爱对象都普遍比上一位要优秀得多。

也是，有句话不也是这样说的吗？你是怎样的人就会遇见怎样的人，正如物理上的那个共振实验：若干个不同频率的音叉，如果振动其中一个音叉，另一个和它振动频率相同的音叉也会被振动——这个实验后来也被人引申为，一个人的思想也带有一定的振动频率，会吸引与其振动频率最接近的那个人。就像李欣频说过，一定有好男人，只是你的视力还没到看得见的位置。假设好男人在5楼，自己在1楼，可能只看得到地下室的男人。再如爬山，到山顶你就会看到其他山头，而一直停在山脚下只会看到路边摊跟垃圾堆。

K的面对失恋的态度像是一记耳光打在了我的心上。于是，我也列下了自己想做而未做的事情清单，对着它，一项一项对着实施。就在那一年，我发觉一个人的时候，也并不是那么无聊，我可以将从前恋爱时没有时间看的书一本一本看完，我可以细细去研究那些我特别喜爱的美食是如何烹制而成的，我也可以在没人打扰的情况下写下那些酝酿在心里多年的小故事。我突然觉得，在一个人的生活里，为自己立下一个向上的目标，然后坚持执行，是一件多么美好的事情。

前些天，去到一个朋友家做客。朋友忙着带孩子做家务，在给孩子温奶时不小心把奶瓶掉在了地上，牛奶撒了一地，朋友又忙着拿抹布擦地，边擦眼泪就止不住地流了下来。我上前安慰，说我来替你擦，你去休息吧。朋友却哭得更厉害了，一边哭一边抱怨道："什么都要我做，他（朋友的丈夫）每天都是早出晚归，既不做家务，也不带孩子，回来之后也只会在房间里打游戏。"我有些心疼朋友的处境，结婚才一年多，生活就已经把这个花样年华的女人折磨成了一个满腹牢骚的家庭妇女，而我依然也记得当年的朋友，正是因为刚失恋，为了缓解自己的情绪，迫不及待地嫁给了她今天的丈夫，因为她说："治愈失恋的良药是新欢。"

值得庆幸的是，自己选择的是K的失恋经验，而非朋友的。今天的我，虽然依旧单身，但我过得充实而快乐。我也相信，会有一个人在不远的将来等着那个更优秀的我，他幽默风趣，他智慧多才，他温柔体贴，他会许我一个美满的婚姻。

Part 7

谢谢你，始终陪在我的身旁

我会因为某些人，某些记忆，而永远怀念这座城市。因为在每一个感知的瞬间，内心深处都会有一座城。

压岁钱，哪儿去了？

“可惜你没生在革命年代，否则你一定是一个任凭敌人如何拷打，都不会出卖组织的女战士！你妈打你就是为了让你道个歉，可是你宁可被打得皮开肉绽也不肯服个软！”

据爸爸说，小时候妈妈每次打我，都是一场可以让旁人看得惊心动魄的战争，这场战争没有赢家，只有皮开肉绽的我和泪眼婆娑的她。

妈妈有她自己的一套理论，别人很难扭转。你若能够跟她同一观点，那便是皆大欢喜，她会用尽全力来帮你；你若和她有分歧，那么不好意思，任凭你如何跟她讲道理，她都跟没听见似的。

从小到大，我就对压岁钱这种东西完全无感，因为不管我收到了多少个过年红包，最后都要统统上交。用妈妈的话来说，是她帮我存起来保管，以后还是会给我的，但我从来不知道，这个“以后”是什么时候。

后来念了小学，每次寒假过完，看见同学们个个都从草根进阶成了土豪时，我心里的各种委屈就一股脑全上来了。尤其是有一回，我的同桌买了套当时火爆得不行的漫画书，我问他借，他就是不借时，我心里就有种痒痒的恨。

回到家，我单刀直入地问妈妈要压岁钱。

“妈妈，以后压岁钱能不能让我自己保管？”

“你还太小，怎么保管？”

“那能不能给我一些？”

“你要干嘛？”

“我就备用着，人家同学都是自己保管。”

“我平时不是给你零花钱了吗？你要什么直接跟我说，我帮你买不是一样的吗？”

她完全不能理解我的心思，难道我能跟她说，我是要买小人书吗？平时偷着看，都会被骂不务正业，难道我还敢堂而皇之地公开要吗？

又是一场无效的对话。

那个晚上，我偷偷摸摸地溜进妈妈的房间，打开她的钱包，拿了一百块钱，然后被逮了个正行。

“你怎么还干上了偷的勾当？”妈妈的火爆脾气又蹿了上来。

“我没偷！”我狡辩。

“那你手上是什么？”她瞪大了眼睛，疾声问道。

“那明明就是我自己的钱，是奶奶给我的压岁钱！你才是强盗，抢了我的压岁钱！”

见我不受教，妈妈上来就给了我一个大嘴巴子，接着家里的鞭子又准备拿出来了。

但此时的我，已经不是曾经那个任她打骂，毫无招架之力的小朋友了。我的个头已经和她差不多高了，能够轻易躲过她手中挥舞的鞭子。

她一路追着我打，我一路向厕所跑去，“啪”的把门反锁了。

然而，就在我得意于自己的聪明时，“扑通”一声，门外传来一声钝响。我打开门一看，妈妈滑倒了，仰面跌在地上。

我赶紧冲上前，准备扶她起来，然而，她却把我的手用力一甩，继续躺在地上，不肯起来，眼睛里泛起了泪花。

那个强势的妈妈又瞬间变成了一个弱者。看着她那副恨铁不成钢的表情，我这次是发自内心知道自己错了，因为我本身也知道偷偷拿妈妈的钱包是不对的行为，若不是妈妈执意不愿给我压岁钱，我也不会出此下策，现在弄到局面如此糟糕，也着实不是我想要看到的。

“妈妈，你打我吧……”我在一旁哭道。她不回应，也不愿看我，脸侧向了一边。

妈妈因为摔了跤，后脑勺长了一个包，很久都没消退，为此，我一直耿耿于怀：我真是一个坏孩子，特别坏。

后来，我便发自内心地讨好她，帮她上药，每天还主动洗碗洗衣服，只是为了她能开口和我说一句话。

她沉默了一个月后，终于开口了。

那天是她的生日。

早上醒来，我偷偷在她床头放了张自己亲手做的贺卡。

大概是我的动静太大，把她弄醒了，她往床头看了一眼，然后突然开口问我：“今天晚上想吃什么？”

我开心极了，她终于理我了！“我们去吃肯德基吧！”（那个时候小朋友最喜欢吃的好像就是肯德基。）

晚上，旁人让她点蜡烛许愿时，她按照以往的惯例，把这个机会又让给了我。于是，我念叨道：“希望妈妈头上的包能够快快消掉！”

还没等我睁开眼，妈妈一把抱住了我，眼眶红红的，声音有些沙哑地对我说：“你乖乖的就好！”

人的情绪是会被感染的，见她哭，我也哭了起来：“你的头还好吧？我以前不懂事，你别生气。”

她说：“没关系，我从来也没生过你的气。”

自此之后，在我印象里，她便再也没打过我，也许是打不动了，也许是我长大听话了。

读大学后，从此家乡就只有秋冬，再无春秋，和母亲在一起的时间也越来越少。每年放假回到家里，母亲便也把我当成了座上宾，总会提前备上各种各样的好吃的，就怕我在外吃不好。

大学毕业后，母亲帮我在厦门买了房子。我说：“我都工作了，哪用你帮我买房子，我能挣钱。”她便说：“你以前不是问，你的压岁钱哪去了吗？这些就是你的压岁钱。”

我瞬间语塞，原来她还记得，原来这就是她说的“以后”，我还没缓过神来，母亲又拿出一张存折给我：“这是剩下的，现在你长大了，都给你自己处理。”

我说，我哪有这么多压岁钱。

她说，多出来的那部分是她给我的压岁钱，每年三万。

我突然想起，母亲当时为了打我而不小心滑倒，脑后留下的那个包，恨不得抽自己几个耳光。

我没要妈妈的存折，对她说："那现在我转送给你，是我给你的第一笔养老金。"

她也没拒绝，说："那等你生了孩子，我给他留着。"

我说："难道我就赚不到养娃的钱吗？这钱你拿着自己花！"

她说："我自己有钱花！"

于是，好好的一幅彼此关心的温馨场景又升级成了一场口角之争。但我知道，我们都深深地爱着彼此。

谢谢你，残酷世界，我的小确幸

如果没有那个下午，她当着大家的面说："我最喜欢你了。"大概我的人生会是另一副场景。

小学时，班里人比较多，近70个孩子挤在一个教室里，每个人的位置都比较窄。尤其是到了冬天，每个人都穿得严严实实的，位置就更小了。那个时候，同学们之间的斗争就在"霸位置"上了，厉害的便能"欺负"弱小的，多坐些位置。

在一次上完早上第二节课的眼保健操时，前排女生便暗自和我较起了劲，她先用凳子向后挤了挤我的桌子。我有些生气，看老师还在，又不敢声张，便小声对她说："我位子也很小，别挤了！"不知道是我声音太小，还是她假装没听见，反正她还是继续挤我的位置。

我心想，你以为我怕你？于是，便用力顶住她。她也更来劲了，估计使上了全身的力气向我发起攻击，足足霸占了我原位置的三分之一。被挑战的感觉不好，我心想：你以为你很厉害？看谁力气大！于是，我也不甘示弱地铆足了全身的力气，向她攻去。

事实证明，还是我比较厉害，我不仅收复了失地，还夺得了她的小半领土。我正得意时，没想到她竟然“哇”的一声哭了出来。

这下完了，把老师也引来了。老师走到我们身边问怎么回事。姑娘便一副委屈至极的样子，泪眼汪汪地指着我，对老师说：“她用桌子推我。”

“我没有！”我立刻向老师申辩。

看我和姑娘各执一词，老师便向周围的同学询问情况。可是，事发当时，广播里正放着眼保健操的音乐，谁会知道是她先挑衅我，我好言劝过，而她却不依不挠呢？她是暗地里使的劲儿，而我确实把力气用在了明面上。最后，同学们也一致指认：我挤占了她的位置。

于是，老师让我道歉。

“我没错！”犟脾气的我就是不肯道歉。

最后，我被罚站在门外，最后，我抄了二十遍学生守则，最后，我被请了家长……被罚站的那半个小时，我看着操场上结成冰的雪，心里更冷了，寒风刷刷地从耳边刮过，和前排同学斗气时的倔强也被冻结在了这冰天雪地，顿时我也哭了，可惜哭完了，老师看不到，同学也看不到。

从那一时刻起，老师叫我出去罚站的神态就如同一道符咒时时刻刻提醒我：自己是一个不讨老师喜欢的孩子。此后的我，不敢去问老师问题，也不敢轻易和老师靠近，甚至生病了也不敢和老师请假。

其实从小到大，我对自己都不太有信心，也知道自己不受关注，毕竟，老师比较容易注意到的都是那种成绩极好或者成绩极其糟糕的学生，像我这种不上不下的中游的学生，就是直接被忽略的。但我从来没有像这时那般对自己丧失信心。

直到刘老师来接管我们班。

我依然还记得她刚走进班级的样子：“大家好，以后我就是你们的班主任了。”刘老师看起来不过二十出头，年纪轻轻的她，当时脸上还有几颗青春痘，她神采奕奕的样子，让我记忆犹新。

不过，年轻老师的活力并没有得到全班同学热烈的掌声。由于和前任班主任关系不错，班上同学对她的突然离开感到有点不知所措，自然而然地将情绪转嫁到了新任班主任的身上。甚至有大胆者直接问：“那张老师还回来吗？”

“她现在去别的年级了，希望未来我们能够相处得很好！”这一句话，开启了我日后的灿烂人生。

虽然我和前任班主任没有任何恩怨，谈不上多怀念，但为了不显得突兀，便也有了从众情绪，心里没太喜欢新班主任。

新班主任也是我们的语文老师，她对以往老师会在意的听写和默写，显得不是那么重视，反而更加注重培养我们的语感。我依然记得她抑扬起伏地朗读着《桂林山水》的样子：“我看见过波澜壮阔的大海，游览过水平如镜的西湖……”她说波澜壮阔要扬声，显示出大海的辽阔，水平如镜要抑声，显示西湖的柔美……她教的很多课文，我至今都还会背诵。

班主任来我们班时，是第一个叫我起来朗诵的，我不记得自己到底念得怎么样，但她说：“非常好！”还奖赏了我小礼物。

小孩子就是容易收买，很快我便成了刘老师的忠实小粉丝。当然，不少同学也和我一样沦陷了。刘老师会经常在班上念我的作文，她总说我的作文感情细腻，要好好发展，以后肯定能大有作为。

印象最深的是一个阳光明媚的下午。同学们下了课便都挤去了老师办公室，我也畏畏缩缩地跟在后面。不知道是不是他们打了赌，要看老师最喜欢谁，大家纷纷争着问刘老师："老师，老师，你喜欢我吗？"刘老师当然是这个问也说喜欢，那个问也说喜欢，轮到我了，还没等我开口（我也没打算开口），刘老师便当着大家的面说："我最喜欢你了！"

刘老师的这句"我最喜欢你了"，成为了我至今的动力，从那个时候开始，我最爱做的事情便是写作文，写小说，写各种东西。虽然至今也没太大的作为，但还算一直从事着文字工作，在工作方面也取得了一些认可。

如今，我已经长大了，在成人的思维里，我能够理解当初让我在雪天里罚站老师的心情，我也早就不怪她了，甚至连她的姓我都已经想不起来。但我们未来的某些性格确实严重受童年某些"重要他人"的影响，我常常想，如果没有遇见刘老师，恐怕至今我也会对"老师"这一存在持有负面情绪，恐怕至今我也是个唯唯诺诺的人，恐怕我在高中就会因为厌学而辍学。

谢谢你，刘老师，残酷世界里，我的小确幸。

我爱你，也给你自由

爸爸是个孝子，一定是。

爸爸是家里的长子，大概是那一辈人有的大家庭观念，爸爸除了照顾自己，照顾自己的小家，还要照顾亲戚这个大家。

爸爸是农村考入城市的大学生，在那个食不果腹的年代，十分难得，是全村人的骄傲。大学毕业后，爸爸考上了公务员，据说还是当地公务员中当年的第一名。工作后，爸爸也获得了多项科研成绩，得到了单位领导以及同事的一致认可。

按理说，爸爸应该一路平步青云，从此过上衣食无忧的好日子。但活了半辈子的爸爸操劳一辈子却至今仍旧不舍得买一件厚实的大衣，袜子也是补了再补，穿了一年又一年；他从来没有像样的钱包，总是用餐巾纸的外包装包着钱；本可以买上一套正规住宅的三居室却仍然没有一处正经的住所。

爸爸对自己一直都很吝啬，但他并不是葛朗台一般的守财奴——他并没有多少存款。

那么，钱去哪儿了呢？他给奶奶买了房子，给小姑买了房子，还经常会塞很多钱给奶奶和家里各种亲戚。如今，爸爸还会常常去小姑家和奶奶家，他不仅要照顾奶奶，还要顾着小姑孩子的念书问题（小姑和小姑父没念过什么书，也不太抓孩子的读书）。

这样看来，爸爸应该是一个模范儿子。但是，每次看到爸爸和奶奶相处，我都感到很不自在。爸爸会骂奶奶，很大声地骂，我觉得爸爸这是不孝顺，即使他给了老人家很多钱，即使他在物质上未曾亏欠。

缘于父母的离异，我去看奶奶的次数不多，甚至和爸爸相处的机会也寥寥，尤其是在远赴他乡异地求学工作后。

每次，见到奶奶，奶奶都会对我说：“闺女，带一只鸡回去吧！”对于老人家而言，“鸡”是一样好东西，是她舍不得吃的好东西。可是，我并不爱吃鸡，这种关爱对于我来说，某种程度却变成了一种负担。

于是，我便笑着对奶奶说：“谢谢，谢谢，我不吃。”然而，只要我不接受这只鸡，但凡我如何拒绝，奶奶都会锲而不舍地继续劝说我带走它，吃了它，我听不太懂老家的土话，只知道奶奶是希望我接受了这只鸡，于是我只能一边一直傻笑，一边客气地对她不停说：“不用，不用。”

这种客气，让我感到很压抑，但我心里也是能理解老人的好心的。尤其是看着在农村辛劳大半辈子的奶奶，佝偻着背，又黑又瘦的样子，实在让人心疼，以至于感觉要是拒绝了这份好意就是做了一件多大的错事一样！

我们不停地推来给去，相互客气。往往这样的局面，总要等爸爸来终结。

“哎呀，人家那儿哪里没有这些东西，她用不着，你留着自己吃！”爸爸一定是用吼着的语气对奶奶说的，虽然我认为爸爸这样对奶奶的态度是不对的，虽然我也很不喜欢爸爸这样，但不得不说，这一招总是管用。

直到自己长大了，慢慢地，我倒也理解了爸爸的处境。我和妈妈的感情很好，从小跟着妈妈一起生活，一起相依为命。妈妈是真的心疼我，在她最困难的时候，从来没有亏欠我吃穿，哪怕是让自己饿肚子。但妈妈总是以她的方式爱着我，哪怕那种爱不是我要的。她总会说：“我这是为你好。”我当然也知道是为我好，但这是她眼中的“好”，在我眼中并不是“好”。

去外地工作后，妈妈总会强迫我带各种东西，就怕我在外地饿着冷着冻着，我说如果我需要我自己会带的，东西太多，我带着不方便，况且在外面租房子，我也放不下，以后搬家更是麻烦。但她总是不听，还是会把东西放进我的行李箱。我很生气，拿了出来，她便又放进去，于是我们总是免不了一顿大吵。

我依然记得刚参加工作的时候，母亲就一定要让我租大房子住。我说我工资就那么一点，也不确定就在这边干了，我自己租一套小单间或者和别人合租就好，这样我经济压力也不会太大。

妈妈听完立马就说：“哪要你出什么钱，我来帮你租啊！”

我连忙拒绝。我总觉得孩子成年了，尤其是大学毕业了，还要靠家里资助，是很没出息的表现。同时，父母给予的安逸来得过于容易，反而会让我过早丧失努力奋斗的激情，不是有句话叫“你要毁掉一个人，就是让他过得安逸”吗？

我一直对母亲说，要让我在年轻的时候多吃些苦，靠着自己打拼，这样对我的成长是有帮助的，况且你赚钱也不容易，为什么不拿这些钱自己出去旅个游，按个摩呢？

然而，母亲却依旧说我不懂事，说着急了还会掉眼泪，感叹她为我付出这么多，而我却不领情。

和我母亲的这些经历，让我终于有些理解父亲。相信不少家庭的亲子关系都是如此，父母为孩子张罗一切，孩子却认为这是一种负担，不需要父母为自己如此牺牲，于是父母怪孩子不懂事，孩子怨父母管太多。

可是，一个人如果长期这样单方面付出，以自己的价值好恶判断好坏，将自己认为的好，强加于孩子，这样既不会令自我感到幸福，同时也会让对方感到压抑。

纪伯伦在《先知的灵光——孩子》中写道：“他们是藉你们而来，却不是从你们而来，他们虽和你们同在，却不从属你们。你们可以给他们爱，却不可以给他们思想；你们可以荫庇他们的身体，却不能荫庇他们的灵魂。”

我很赞同这种说法：孩子有孩子的路要走，父母有父母的路要走，我们尊重父母的活法，也希望父母能够尊重孩子的活法，我们彼此相爱，但给予彼此自由与空间。

事实上，不仅是亲子关系，很多时候，只要我们爱着某一个人，越爱就越想要控制对方。你一定听过，某某女生为了挽留某个男生用烟头烫伤自己或者用刀片割伤手腕的新闻，你身边也可能有某某男生为了追求某个女生，不惜放弃事业抛开一切，或者站在冰天雪地中求爱，作为旁观者，我们都会认为主人公太极端，可想想自己，是否也曾如此做过呢?

事实上，这样的求爱往往不仅得不到对方的回应，最后反而弄得她也怕你也累。这个世界上，没有谁能够完全控制谁，当你把自己的快乐与生活绑定在对方身上时，你就既输掉了对方，也失去了自我。

爱他，给他自由，尊重他，但不要过度牺牲自己，这样才是彼此最舒适的相处方式。

那个让我讨厌也让我难忘的舍友

有些人来时并非欢天喜地，但在离开后，却留下万千思绪给你。

曾经为了求职，去一家电视台见习。见习单位不提供住宿，所以自己在外头租了个短租房。

说是短租房，不过是一个三室两厅的套间，套间的三间房，分别被安排成女生房、男生房和小单间。女生房和男生房分别是安排了四张床铺，像学生宿舍一样的高低床，分别每张床铺1 000元，小单间则是一个月2 500元。

为了节约成本，我租住的当然是小床铺。

住我上铺的姑娘也是来求职的。姑娘只是代表她的性别，而她的外在形象就是个活脱脱的假小子。头发很短，个子很高，戴副黑框眼镜，说起话来，嗓门又粗又大。

说实话，我不喜欢她。晚上，她会不顾大家休息，就在房间里忘乎所以地听着音乐，也不知道戴耳机，总之我常常被她的摇滚乐弄得失眠一整个晚上，以至于第二天精神相当不好。

由于我每天走得比她早，回来时她也总是待在男生房间里斗地主，所以我们平日交流并不多。当然，我也懒得和这种姑娘交流，总觉得她太不矜持。至少，我一直认为，一个女孩子不应该成天泡在男生的房间里。

当然，有的时候也能碰到她待在自己的房间里。她穿着个小内裤，躺在床上，不关房门，也没有任何遮掩，毫不在意门口路过的旁人。当然这是她的事，我看不惯而已，也无权发表任何意见或者表达不满。最让我受不了的是，她不在意自己的形象就算了，她甚至也不会顾及我的感受。记得有一天下午，我在房间里睡着了，她出了房间竟然也不知道把门带上，好在我是穿着衣服睡觉的，万一我也和她一样，该有多糗。

我不知道她是真的没有意识到自己的行为是不对的，还是不在意别人对她的看法。她总是可以理所当然地做一些行为或者提一些要求。比如，我和她都在房间时，由于WiFi信号中断，她便会使唤我去客厅帮她重启路由器，理由是我住下铺，比较方便。

“靠！”住下铺活该倒霉吗？你住上铺上上下下打扰我休息怎么不说！我心里不爽，但又不想因为小事发生争执，没办法，最后我还是去帮她重启了路由器，而且此后的日子里，重启路由器的活儿，好像就已经默认应该是我做了。

她很不注意个人卫生，总有一堆衣服放在卫生间的水池里，一放就是好几天，弄得我洗脸洗澡都不方便。有一天，我实在忍受不了，便对她说：“卫生间毕竟是公用场所，你能不能注意些？”

她冲我吐吐舌头，虚心接受，然后死活不改。

自此，我们彻底不说话了，就这样僵持着，暗自较劲。

有一天，我回来晚了，看见卧室门关着，我本能地以为她又在旁边的男生宿舍打游戏（以往只要她在房间，一般都不会关房门），于是便大摇大摆地走了进去，顺手开了房间的灯。

“喂，你能不能把灯给我关了！”突然，一个熟悉的大嗓门冲我喊道。

我吓得半晌没有缓过神来，待心跳稍稍平复一些，才意识到是我上铺的这个假小子。

“不好意思！”我意识到房间里有人，自己打扰了别人休息，便本能地道歉，同时赶紧关了房间里的灯。结果就在回到床铺的过程中，膝盖被撞了个青紫。

“你能不能安静点啊！”她又对我吼道。

我一边疼得厉害，另一边又知道是自己开灯不对，打扰了别人休息，于是憋着一口气，没办法发火。

我躺在床上，揉着膝盖，心里委屈极了，为自己的没有冲她发脾气而感到后悔：我凭什么给她关灯啊，她平常这么不在乎我的感受，我为什么要在乎她的感受啊，就应该让她尝尝被打扰的滋味儿。

于是，我又一晚没睡。我心里记恨她，心心念念就想着快点儿找到房子搬出去，直到发生了接下来的两件事。

第一件事是她帮我打死了一只蜘蛛。

我是一个胆子很小的女生，怕虫子，怕蟑螂，怕所有黑乎乎的爬行生命体。

那天晚上，当地下起了暴雨，原本就不宽敞的街道瞬间变成了雨水的海洋。由于没带雨具，回到租住的地方时，我全身都湿透了，心情本来不太好的我，刚准备上床睡觉，却又发现床头边有一个黑乎乎的东西挪来挪去。

由于没有开灯，人又困得厉害，我看不真切，也没太在意，只是用手随便拍了一下，直到它爬上了我的手上。

那感觉，黏黏的，有点痒。这个时候我才定神一看，差点没把我吓个半死——一只掌心大小的巨型蜘蛛。

我吓坏了，忙从床上跳了下来。

那一刻，我的大脑大概是已经不会运转了，我茫然不知所措，就傻傻地愣在一边，一直哆嗦，过了三四秒，才反应过来，大叫道：“啊——啊——蜘蛛啊！”

身边一个人也没有，顿时我感到绝望。也没想到去开灯，就吓愣在原地。

“啪”，突然，房间的灯亮了。假小子室友和几个男生冲了进来。

然而，他们并没有直接解救我。

看到我手上的“庞然巨物”，大家有的也愣在原地“啊”地大叫道“蜘蛛——”，有的则离我远远地喊着“别怕”，还有的则是跑到客厅去帮我找一些类似苍蝇拍的东西，准备帮我打蜘蛛。

灯亮了，所有人都慌乱了，而我则是魂都没了，因为在明晃晃的灯光下，我将这庞然大物看得更加真切了。

“你们快点帮帮我啊！”我有些乞求地哭着说。于是大家都手忙脚乱地帮我一块找东西来拍死蜘蛛。

也许是我太紧张了，等待的这短短几分钟，我竟然认为过了几个世纪。而这个时候，所有人都出去了，只有假小子室友和我留在了房间。

看到我的惨状，她一边对我说着“别怕，挺住”，一边英雄般地走到我身边，用手抓走了蜘蛛。

我不记得她当时是泰然自若地完成了这一系列动作，还是紧张万分地畏畏缩缩取走了这物体，我也不知道她是真的不怕这个“巨物”，还是因为关心我，我只知道，当我最绝望的时候，她走了上来，像一个骑士一般解救了我这个落难的女孩。

“谢谢！”我还没缓过神来，腿也完全不能挪动了，只是站在原地不停地向她道谢。

不知道是被蜘蛛爬过因而“中毒”了，还是因为淋了雨着凉了，总之那个晚上我发烧了，还不停地犯恶心，不断去厕所呕吐。

大概是我进进出出的声音太大，她也没有睡着，凌晨两三点钟的时候，她突然从上铺爬下来，到洗漱间拿了一个脸盆进来，对我说：“你就吐这里吧！”

头晕眼花、半睡半醒的我，恍惚间，就觉得是妈妈在身边照顾我，连“谢谢”也没说，就低下头“呕”的一声，把这个盆子吐了个遍。

直到第二天早上的太阳升起，阳光洒进卧室，照亮了我的床铺，休整了一夜的我也终于退了烧，人清醒了些许，下床时才发现，旁边有一个全是呕吐物的盆子。

盆子不是我的，是上铺这位的。我突然想起了夜里发生的一切，也想起了她勇猛地从我手上取走蜘蛛解救我的场景。

我踮起脚，看了看上铺，她还没起。

瞬间，我不知道说什么好。道歉？致谢？好像现在都不合适，毕竟人家还睡着。我自觉地默默走出了房间，把她的盆子清理好了，便去上班了。

晚上回来时，她依旧在旁边的男生屋子里打游戏。很多次，我都想进去，跟她说一声“谢谢”，但又不好意思。

很多时候就是这样，你过了那个情绪点，很多话便再难开口。说还是不说？我纠结坏了，我躺在床上一直模拟要和她道谢的场景，直到睡着。

于是，一天又过去了。于是，“谢谢”这两个字便更难开口了。

不久后，之前联系的房东告诉我，可以搬进去住了，眼见着我这边的房租也到期了，我要搬走了。说实话，这时的我，若不是因为已经预付了房租，不去住就白白浪费了1000块钱，真的不想搬走。

走的那一天，是周日。往常周日，这位假小子室友都不在房间，而是会出去玩，但意外的是，她这天竟然一整天都没有出去。

当我收拾好行李出门的那一刻，她突然跳下床，没有说话，径直拉着我的行李箱出了门。我知道她是帮我搬行李。因为，我的行李有些多。

她在前面走，我拉着另一个箱子跟在后面，没有说话，直到我上车。

“谢谢！”关上车门的那一刻，我轻声地对她说。大概是没有听见，她也没有回应我。

车子启动的那一刻，我在后车镜里，看见她回身的背影，心里百感交集，在手机的备忘录上写道：有些人来时并非欢天喜地，但在离开后，却留下万千思绪给你。

写于24岁生日

别祝我生日快乐。

因为我怕期待越大，失望越大。没有欲望，就不会有绝望。

果然，没有人祝我生日快乐；无奈，我还是有些失落。

可是，我早就应该明白，谁还会记得你的生日呢？不知道从什么时候开始，身边可以通宵促膝谈心的人越来越少，关心爱护你的人越来越少。

逢年过节，你的手机里总能收到越来越多的祝福短信，但原创却越来越少。面对那些冷冰冰的复制粘贴，你已经渐渐变得懒得回复。你忽然间恍然大悟，原来有时候，“问候”只是一种社交手段，与情谊无关。

突然，想起小时候，每次过生日，都热闹非凡。关系好的小伙伴总会送你一张小贺卡，或是一本小本子，作为对你生日的祝福。

那个时候，多好啊，我们彼此记挂，我帮你过生日，你帮我过生日。

我记得，刚用上手机的那年是我读高一。确切来说，不是手机，是小灵通。但总算是有了自己的私人通讯设备！自此之后，过年啥的，最兴奋的便从吃一大堆好吃的，变成了在凌晨——新年钟声敲响的那一刻，和全中国抢信号，只为了和同学们相互短信问候。

那个时候，我们习惯于在凌晨发短信，抢短信里的沙发。好像谁抢到了这个沙发，谁就是最关心对方的那个人。

我记得刚上大学的那个暑假。我去学校报到的时间比较晚，是8月底，大家约好一定在火车发动的那一刻，祝我“一路顺风”，未来“一马平川”。

不凑巧的是，我那趟火车正好晚点，结果忙坏了我的同桌——现，他每隔十分钟就发来一条短信：上车了吗?

我说，火车晚点，不知道什么时候发车，不用再发信息了，心意我领了。

他就像没看到我的回复一样，继续发着短信问我上车了没，直到两个小时后，我登上了火车。

现是我的高三同桌，“现”这个名字是大家给他起的外号，意思是说他很爱“表现”。但其实，“现”不是真的爱表现，而是我们总给他表现机会，或者说没有机会也要创造机会让他表现。

大概每个班上都会有个胖子，“现”就是我们班上的那个胖子；大概每个胖子都比较好说话，我们总拿他开玩笑。他不会真的生气，就拿眼睛斜我们。

这成了我们之间的默契。

现很爱吃。

某日，我在他身后看见他又在喝饮料，便用力拍了他一把，笑道："你还吃啊！"

他转过头，得意一笑，把头一昂，大声说："这是减肥的！"说着还抖了抖手上的那瓶"和其正"（我保证这真的不是广告）！

现大概是自带逗笑功能。哪怕他不说话，就默默地杵在那儿，我们都能乐个不停。就连他的打底白汗衫，都能欢乐我们整个高三单调的备考日子。

那个时候，能记得我生日的还有一个人，就是我高一高二的同桌——NR（"NR"是"女人"二字的首字母）。我们互为对方的女人，于是以此互称。

NR是一个极其努力的同学，因为暗恋我们的老班，所以每天都抱着一本《重难点手册》（一本习题辅导册），望着那令她心动的某人，想尽办法地问着各种各样的问题。

感谢她，因为她，我也变得勤奋了！毕竟潜移默化的示范力量还是很强大的！况且她总是以超过我为奋斗目标，弄得我也每天紧张兮兮的。

关系好不是没有争吵，而是争吵后，还能一起斗地主。我和NR总是吵架，而我们的关系却也在每次的别扭中变得越来越好。

和她同桌的日子，我的醋坛子不知道打翻了多少坛。那个时候，我把她当作我生命中最好的朋友，没有人能够替代她在我心目中的地位，当然，我也不允许有人替代我在她心目中的地位。

无奈，她太多情，对谁都好，弄得我动不动泪如雨下。直到后来，班主任把我和她硬生生地拆开，她有了新同桌，我才彻底放弃了“我是她的第一死党”的念想。

每次送礼物都会导致一段不愉快对话的便是“猴子”。因为他每次在送礼物之后都会反问一句：“你知道这个多少钱吗？”让你在感谢他用心的同时还要臭骂他小气。

对猴子的情感很复杂，一方面我们私交很好，另一方面，我却“记恨”他抢了我的第一名。

高一高二的时候，我几乎是班上毫无悬念的NO.1，但好像女孩子就是后劲不足，到了高三，我的成绩一下子被一批男孩子超过，其中的一个人就是猴子，他把我甩了不知道几条街。

也许最好的关系就是大家相互进步，良性竞争。在竞争中，我们走得也更近了，他总是会看看我做了什么题，我也总是盯着他的学习进度，不敢放松。

高中毕业后，我们没了直接竞争的关系，两个人的友谊得到了巨大的升华。他会跟我说，他喜欢了哪个女生，哪个女生发育得比较好，全然没把我当作一个姑娘看待。

我很享受这种“蓝颜”的友谊。因为毫无恋人的可能，所以可以一辈子彼此互助，友谊长存。

我跟猴子的关系也特别铁。铁到把我娘都给感动了。我娘总说：

“你还记得吧，人家大冬天的冒雪来看你，你都不见人家！”

那一年，我读大二。由于生病了，特别瘦，很不自信，也不愿意见人。寒假期间，知道我回老家了，猴子特地跑来看我。我们两家离得并不近，坐公交怎么也得一个小时。像他这种铁公鸡，估计也只会坐公交来。

可是，我没有见他。

关于这件事，我一直想和他说声“对不起”。但有些人，有些事，就是这样，当你意识到自己错了时，却也再难开口说出那句“对不起”。

戴着耳机，坐在阳台，看着窗外。耳边响起了江美琪的《那年的情书》。

最怕动情时，歌词比你更动情：

手上青春 还剩多少

思念还有 多少煎熬

偶尔清洁用过的梳子

留下了时光的线条

突然间，心里空落落的。曾经陪在你身边的人，都慢慢地走远了。时间带走了青春，我却固执地停留在原地，不肯离去。光阴荏苒，曾经的嬉笑怒骂，转眼间都成了指尖的流沙，在手心，哗哗流淌。